# VDE-Schriftenreihe 59

*M. Theo*
*Jan. 1997*

# Kenngrößen für den Elektropraktiker

**Ausgewählte Tabellen, Bilder und Diagramme aus dem VDE-Vorschriftenwerk und einschlägigen DIN-Normen**

*Dipl.-Ing. Heinz Kloust*

D1696634

*1993*

**vde-verlag gmbh** · Berlin · Offenbach

Redaktion: Erhard Sonnenfeld


**Die Deutsche Bibliothek – CIP-Einheitsaufnahme**

**Kloust, Heinz:**
Kenngrößen für den Elektropraktiker: ausgewählte Tabellen,
Bilder und Diagramme aus dem VDE-Vorschriftenwerk und
einschlägigen DIN-Normen / Heinz Kloust. – Berlin;
Offenbach: vde-verlag; 1993
  (VDE-Schriftenreihe; Bd. 59)
  ISBN 3-8007-1865-0
NE: Verband Deutscher Elektrotechniker: VDE-Schriftenreihe

ISBN 3-8007-1865-0
ISSN 0506-6719

© 1993  vde-verlag gmbh, Berlin und Offenbach
        Bismarckstraße 33, D-1000 Berlin 12

Druck: Graphoprint, Koblenz

9204

# Vorwort

Das DIN-VDE-Vorschriftenwerk [1, 2] beinhaltet die Gesamtheit der technischen und sicherheitstechnischen Regeln des Verbandes Deutscher Elektrotechniker (VDE) und gilt der Abwendung von Gefahren für Menschen, Tiere und Sachen; wobei diese Gefahren folgende Ursachen haben können:

- elektrische Spannungen und Ströme,
- elektrisch verursachte Übertemperaturen,
- Störungen der Elektrizitätsversorgung,
- Störungen des Betriebs von elektrischen Anlagen, Geräten oder deren Teile,
- Funk- und andere Störungen durch elektrische Gefahrenquellen.

Die Bestandteile des DIN-VDE-Vorschriftenwerks legen Bestimmungen und Leitlinien für elektrische Geräte und Anlagen durch elektrische, mechanische, thermische und andere Belastungen fest. Sie werden gemäß dem Vertrag vom 13. Oktober 1970 zwischen dem VDE und dem DIN (Deutsches Institut für Normung) gemeinsam durch das Organ DKE (Deutsche Elektrotechnische Kommission) erarbeitet und sind von allen Elektro-Fachkräften in der Entwicklung, Projektierung, Konstruktion, Fertigung, Montage und Inbetriebnahme ständig anzuwenden.

Bei der großen Bedeutung des DIN-VDE-Vorschriftenwerkes war es sinnvoll, oft benötigte Kenngrößen für die Elektrotechnik, dargestellt in Tabellen, Bildern und Diagrammen, entnommen aus den DIN-VDE-Bestimmungen und Leitlinien, für alle Anwender als aufbereitetes Rationalisierungsmittel zusammenzustellen. Diese Zusammenstellung möchte dieser Band für den Elektropraktiker ausfüllen und wird für viele Hersteller und Betreiber elektrischer Anlagen auch in den neuen Bundesländern als nützliches Nachschlagewerk dienen können, mit den notwendigen Normen, deren wichtigsten zur Zeit gültigen Festlegungen, Beispielen bzw. Erläuterungen. Um möglichst niedrige Herstellungskosten zu erreichen und um die Originalurkunden der DIN- und DIN-VDE-Normen zu verwenden, wurden im Band auch ausgewählte Tabellen, Bilder und Diagramme nach entsprechender Aufbereitung übernommen und durch erläuternden Text ergänzt.

Für die tatkräftige Unterstützung, die uns von zahlreichen Fachkollegen aus den neuen und alten Bundesländern und Mitarbeitern der Elpro AG Berlin bei der Auswahl der wichtigsten Vorschriften zuteil wurde, möchten wir uns herzlich bedanken. Anregungen zur weiteren Ausgestaltung und Kommentierung der Vorschriften bei einer Neuausgabe werden gern entgegengenommen.

Berlin, November 1992                                      *H. Kloust*

# Inhalt

Die DIN-Normen bzw. DIN VDE-Normen sind wiedergegeben mit Erlaubnis des DIN (Deutsches Institut für Normung e. V. und des Verbandes Deutscher Elektrotechniker (VDE) e. V.
Maßgebend für das Anwenden der Normen ist deren Fassung mit dem neuesten Ausgabedatum, die bei der vde-verlag gmbh, Bismarckstraße 33, 1000 Berlin 12 und dem Beuth Verlag GmbH, Burggrafenstraße 6, 1000 Berlin 30, erhältlich sind.

# 1 Geometrische, zeitliche und mechanische Eigenschaften und Formelzeichen

In den Deutschen Normen DIN 1301 und DIN 1304 [3, 4] sind die gebräuchlichsten SI-Basiseinheiten (Internationales Einheitensystem) und weitere empfohlene Einheiten sowie verwendete Formelzeichen aufgeführt, deren Kenntnisse für alle Elektropraktiker wichtig sind (**Tabelle 1-1** bis **Tabelle 1-11**).

Die Tabellen 1-1 bis 1-11 finden Sie im Anhang, Seite 133 bis Seite 153.

# 2 Wichtige geltende Rechtsvorschriften und Normen

Als wichtigste Rechtsvorschriften und Normen für die Sicherheit, Vorbereitung, Errichtung und Prüfung von elektrischen Anlagen gelten in der Bundesrepublik Deutschland:

- Bürgerliches Gesetzbuch (BGB),
- Energiewirtschaftsgesetz (EnWG) und deren Durchführungsverordnung, Neufassung vom 1.7.1987, für die Errichtung und Unterhaltung von Anlagen zur Erzeugung, Fortleitung und Abgabe von Elektrizität als Basis für die Sicherheitsvorschriften des Fachbereiches Elektrotechnik und VDE-Bestimmungen,
- Bundes-Emmissionsgesetz (Störfall-Verordnung) vom 19.5.1988,
- Gerätesicherheitsgesetz vom 24.6.1968 in der Fassung vom 18.2.1986 sowie deren 1. und 2.Verordnung und allgemeine Verwaltungsvorschrift vom 11.7.1979 und 26.8.1992,
- Verordnung über Arbeitsstätten vom 20.3.1975 nach dem Stand vom 1.8.1983,
- Gewerbeordnung (Gewo) vom 1.1.1987,
- Produkthaftungsgesetz (ProdHaftG) vom 15.12.1989,
- Versammlungsstätten-Verordnung (VStättV),
- Unfallverhütungsvorschriften (UVV) der Berufsgenossenschaften (VBG) z.B.
- VBG1 Allgemeine Vorschriften,
- VBG4 Elektrische Anlagen und Betriebsmittel,
- Explosionsschutzrichtlinien (Ex-RL),
- Richtlinien für die Unfallverhütung (ZH 1),
- Richtlinien der Sachversicherer (VdS),
- Niederspannungs-Richtlinie der EWG vom Februar 1973,
- Verordnung über die allgemeinen Bedingungen für die Elektrizitätsversorgung von Tarifkunden (AVBEltV) vom 21.6.1979,
- Warenhausordnung (WaV),
- Technische Anschlußbedingungen für Starkstromanlagen mit einer Nennspannung bis 10 kV (TAB-H) der Bewag vom Mai 1990,
- DIN 31 000/VDE 1000/03.79, Allgemeine Leitsätze für das sicherheitsgerechte Gestalten technischer Erzeugnisse,
- DIN VDE 0100 Teil 100 bis Teil 739, Errichten von Starkstromanlagen bis 1000 V.

# 3 Ausgewählte Begriffe

Um eine einheitliche Anwendung der wichtigsten genormten Begriffe zu erreichen, werden in Sicherheitsbestimmungen, Normen und anderen Vorschriften in Fachkreisen abgestimmte Begriffe und deren Definition angegeben. Die folgende Zusammenstellung wichtiger Begriffe und deren Definitionen, z. B. aus DIN VDE 0100 soll die Nutzung und das Verständnis zu diesen Vorschriften erleichtern.

## 3.1 Anlagen

**Starkstromanlagen** sind elektrische Anlagen mit Betriebsmitteln zum Erzeugen, Umwandeln, Speichern, Fortleiten, Verteilen und Verbrauch elektrischer Energie mit dem Zweck des Verrichtens von Arbeit, z. B. in Form von mechanischer Arbeit zur Wärme- und Lichterzeugung oder bei elektrochemischen Vorgängen.

**Hauseinführungen** ist die Hauseinführungsleitung (Verbindungsleitung zwischen Verteilungsnetz und Hauseinführung) und dem dazugehörenden Hausanschlußkasten.

**Verbraucheranlage** ist die Gesamtheit aller elektrischen Betriebsmittel hinter dem Hausanschlußkasten oder, wo dieser nicht benötigt wird, hinter den Ausgangsklemmen der letzten Verteilung vor den Verbrauchsmitteln.
*Anmerkung:* Unter Verteilung ist hier eine beliebige Schaltanlage (-schrank, -kasten) zu verstehen, auch in der Ausführung als MSR-Anlage.

**Anlagen im Freien** sind außerhalb von Gebäuden als Teil von Verbraucheranlagen errichtete Anlagen auf Straßen, Wegen und Plätzen, z. B. in Höfen, Durchfahrten und Gärten, auf Baustellen, Dächern und Gebäudeaußenwänden sowie unter Überdachungen;

- als **geschützte Anlagen im Freien** gelten Anlagen mit Überdachung, z. B. überdachte Toreinfahrten und Terrassen;
- als **ungeschützte Anlagen im Freien** gelten Anlagen ohne Überdachung; z. B. auf Rampen und Bahnstrecken.

**Hausinstallationen** sind Starkstromanlagen mit Nennspannung bis 250 V gegen Erde für Wohnungen sowie anderen Anlagen, die im Umfang und Art der Ausführung diesen entsprechen.

**Bedienungsgänge** sind Teile von Räumen oder Orten, die zum betriebsmäßigen Bedienen elektrischer Einrichtungen (wie Beobachten, Schalten, Einstellen, Steuern) betreten werden.

**Wartungsgänge** sind Teile von Räumen oder Orten innerhalb von elektrischen Betriebsstätten oder abgeschlossenen elektrischen Betriebsstätten, die vorwiegend zum Warten der elektrischen Betriebsmittel betreten werden.

## 3.2 Betriebsmittel und Anschlußarten

**Elektrische Betriebsmittel** sind alle Bauteile, die als Ganzes oder in einzelnen Teilen dem Anwenden elektrischer Energie dienen. Hierzu gehören z.b. Mittel zum Erzeugen, Umsetzen, Fortleiten, Verteilen, Speichern, Messen und Verbrauchen elektrischer Energie, auch im Bereich der Fernmelde- und MSR-Technik.

**Ortsveränderlich** sind Betriebsmittel, wenn sie nach Art und üblicher Verwendung unter Spannung stehend bewegt werden können.

**Fester Anschluß** einer Leitung ist ihre unmittelbare Verbindung mit einem elektrischen Betriebsmittel, z. B. durch Schrauben, Löten, Schweißen, Nieten, Pressen.

**Elektrische Verbrauchsmittel** sind Betriebsmittel, die die Aufgabe haben, elektrische Energie in einer nichtelektrischen Energieart, z. B. in mechanische oder chemische Energie, Wärme, Schall, Licht, Strahlung oder zur Nachrichtentechnik nutzbar zu machen.

**Überstromschutzorgane** sind Geräte oder Einrichtungen, die den Strom beim Ansteigen über die vorgeschriebene Grenze selbsttätig unterbrechen, z. B. Schmelzsicherungen (Leitungsschutzsicherungen), Überstromschutzschalter (Leitungsschutz-, Motorschutz-, Selbstschalter).

**Fabrikfertige Schaltanlagen und Verteiler** sind
- Kleinverteiler und Zählertafeln nach DIN VDE 0606,
- Baustromverteiler nach DIN VDE 0660 Teil 501,
- Fabrikfertige Installationsverteiler nach DIN VDE 0659,
- Fabrikfertige Schaltgerätekombination nach DIN VDE 0660 Teil 500.

*Anmerkung:* Als fabrikfertig gelten Schaltanlagen und Verteiler, die aus typgeprüften Baugruppen oder aus fabrikfertigen, vom Hersteller für diesen Zweck vorgesehenen und in dieser Kombination typengeprüften Bausteinen außerhalb der Herstellerfirmen nach deren Angaben zusammengefügt und dann nach DIN VDE 0660 Teil 500 stückgeprüft sowie gekennzeichnet sind.

**Außenleiter (L)** sind Leiter, die Stromquellen mit Verbrauchsmitteln verbinden, aber nicht vom Mittel- und Sternpunkt ausgehen.

**Neutralleiter (N)** ist ein mit dem Mittel- oder Sternpunkt verbundener Leiter zur Fortleitung elektrischer Energie.

**Schutzleiter (PE)** ist ein Leiter, der bei speziellen Schutzmaßnahmen bei indirektem Berühren zum Verbinden mit anderen leitfähigen Teilen (Körpern), Erdern, Erdungsleitern und geerdeten aktiven Teilen verwendet wird.

12

**PEN-Leiter** ist ein Leiter, der die Funktionen von Schutz und Neutralleiter in sich vereint. Bisher wurde der Begriff »Nulleiter« (SL/N) verwendet.

## 3.3 Elektrische Größen

**Nennspannung** in einem Netz ist die Spannung, nach der das Netz der Anlagen ausgelegt ist und auf die sich deren Betriebsgrößen beziehen.

**Reihenspannung** ist die genormte Spannung für die die Isolation eines Betriebsmittels bemessen ist.

**Betriebsspannung** ist die zwischen den Leitern herrschende Spannung an einem Betriebsmittel oder Anlagenteil.

## 3.4 Raumarten

**Elektrische Betriebsstätten** sind Räume oder Orte, die vorwiegend zum Betrieb elektrischer Anlagen dienen und in der Regel nur von unterwiesenen Personen betreten werden dürfen. Hierzu gehören z. B. Schalträume, -warten, Verteilungsanlagen, abgetrennte Prüffelder und Maschinenräume.

**Abgeschlossene elektrische Betriebsstätten** sind Räume oder Orte, die ausschließlich zum Betrieb elektrischer Anlagen dienen und unter Verschluß gehalten werden. Der Verschluß darf nur von beauftragten Personen geöffnet werden, und der Zutritt ist nur unterwiesenen Personen gestattet.

**Trockene Räume** sind Räume, in denen in der Regel kein Kondenswasser auftritt oder in denen die Luft nicht mit Feuchtigkeit gesättigt ist.
Hierzu gehören z. B. Wohnräume, Büros, Verkaufsräume, Böden, Treppenhäuser. Küchen und Baderäume in Wohnungen gelten in der Regel bei elektrischen Installationen ebenfalls als trockene Räume, da in ihnen nur zeitweise Feuchtigkeit auftritt.

**Feuchte und nasse Räume** sind Räume, in denen die Sicherheit (Isolation) der Betriebsmittel durch Feuchtigkeit, Kondenswasser, chemische oder ähnliche Einflüsse beeinträchtigt werden kann.
Hierzu gehören z. B. Großküchen, Waschküchen, Backstuben, Kühlräume, Getränkekeller, Gewächshäuser, Bade- und Waschanstalten, galvanische Einrichtungen sowie unbeheizte und unbelüftbare Keller.

**Feuergefährdete Betriebsstätten** sind Räume oder Orte im Freien, bei denen die Gefahr besteht, daß sich nach den örtlichen und betrieblichen Bedingungen leichtentzündliche Stoffe in gefahrdrohender Menge in der Nähe elektrischer Betriebsmittel befinden, so daß höhere Temperaturen oder Lichtbögen dieser Betriebsmittel eine Brandgefahr bilden können.
Hierzu gehören z. B. Trocken- und Lagerräume für leichtentzündliche Stoffe, Holz-, Papier-, Stroh- und Textilverarbeitungsbetriebe.

**Explosionsgefährdete Bereiche** sind Bereiche (Raumteile, Orte), in denen aufgrund der örtlichen und betrieblichen Verhältnisse explosionsfähige Atmosphäre in gefahrdrohender Menge (Gemisch von brennbaren Gasen, Dämpfen, Nebeln oder Stäuben mit Luft) auftreten kann und eine Explosionsgefahr besteht.

## 3.5 Fehlerarten

**Isolationsfehler** ist ein fehlerhafter Zustand in der Isolierung von elektrischen Betriebsmitteln.

**Körperschluß** ist eine durch einen Fehler entstandene leitende Verbindung zwischen Körper und aktiven Teilen elektrischer Betriebsmittel.

**Kurzschluß** ist eine durch einen Fehler entstandene leitende Verbindung zwischen betriebsmäßig gegeneinander, unter Spannung stehenden aktiven Teilen und Leitern, wenn im Fehlerstromkreis kein Nutzwiderstand liegt.

**Erdschluß** ist eine durch einen Fehler auch über einen Lichtbogen entstandene leitende Verbindung eines Außenleiters oder eines betriebsmäßig isolierten Mittelpunktleiters mit Erde oder geerdeten Teilen.

**Berührungsspannung** ist der Teil der Fehler- oder Erderspannung, die vom Menschen überbrückt werden kann.

**Fehlerspannung** ist die Spannung, die zwischen Körpern oder zwischen diesen und der Erde im Fehlerfall auftritt.

**Fehlerstrom** ist der Strom, der durch einen Isolationsfehler zum Fließen kommt.

## 3.6 Schutz gegen gefährliche Körperströme

**Schutz gegen direktes Berühren** sind alle Maßnahmen zum Schutz von Personen und Nutztieren vor Gefahren, die sich aus einer Berührung mit aktiven Teilen elektrischer Betriebsmittel ergeben. Es wird unterschieden in vollständigen oder teilweisen Schutz. Der teilweise Schutz ist lediglich ein Schutz gegen zufälliges Berühren.

**Schutz bei indirektem Berühren** ist der Schutz von Personen und Nutztieren vor Gefahren, die sich im Fehlerfall aus einer Berührung mit anderen Körpern oder leitfähigen Teilen ergeben können.

**Handbereich** ist der räumliche Bereich, den ein Mensch ohne Hilfsmittel von einer begehbaren Fläche aus mit der Hand nach allen Richtungen hin erreichen kann. Er beträgt nach oben 2500 mm, in horizontalen Richtungen 1250 mm (jedoch nur 750 mm von den äußeren Begrenzungen) und nach unten 1250 mm, von der äußeren Begrenzung der begehbaren Fläche aus gemessen.

14

**Schutzisolierung** als Schutzmaßnahme wird durch zusätzliche Isolierung zur Basisisolierung oder durch Verstärkung der Basisisolierung erreicht.

**Schutztrennung** ist eine Schutzmaßnahme, bei der die Betriebsmittel vom speisenden Netz galvanisch sicher getrennt und nicht geerdet sind.

**Schutzkleinspannung (SELV)** ist eine Schutzmaßnahme, bei der Stromkreise mit Nennspannung bis 50 V Wechselspannung (AC) bzw. 120 V Gleichspannung (DC) ungeerdet betrieben werden und die Speisung aus Stromkreisen höherer Spannung von diesen galvanisch sicher getrennt sind.

**Funktionskleinspannung (FELV)** ist eine Schutzmaßnahme, bei der Stromkreise mit Nennspannung bis 50 V Wechselspannung bzw. 120 V Gleichspannung betrieben werden, die aber keine zusätzlichen Forderungen zu erfüllen haben.

**Erdung** ist die Gesamtheit aller Mittel und Maßnahmen zum Erden. Sie wird als offen bezeichnet, wenn Überspannungsschutzorgane in die Erdungsleitung eingebaut sind.

# 4 Starkstromanlagen

## 4.1 Netzformen und Erdungen

Netzformen werden nach DIN VDE 0100 Teil 300 [5] nach der Art der Netzspannungen (Gleich- oder Wechselspannung) und der Anzahl der aktiven Leiter (2-, 3- oder 4-Leiternetze) unterschieden. Zur Beschreibung der Stromversorgungsnetze sind folgende Angaben notwendig:

- Anzahl der Außenleiter,
- Neutralleiter, Schutzleiter, PEN-Leiter,
- Spannung und Stromart,
- Frequenz,
- Spannung.

**Beispiele:**

- Gleichstrom-Dreileiter-System 110 V: zwei Außenleiter, ein Mittelpunktsleiter/ Symbol: 2/M-110 V oder 2/MDC 110 V nach DIN 40 004;
- Drehstrom-Vierleiter-System 400 V: drei Außenleiter; ein PEN-Leiter/Symbol: 3/PEN ~ 50 Hz 400 V oder 3/PEN AC 50 Hz 400 V nach DIN 40 004.

Für die angewandten Netzformen und die Erdung der Stromquellen und zu schützenden Körper wurde eine einheitliche Buchstaben-Kennzeichnung international festgelegt. Diese Kennzeichnung ist für alle Gleich- und Wechselstromsysteme (1-bis 5-Leiter-Systeme) anwendbar. Die Bilder 4–1 bis 4–5 sind Beispiele für übliche Drehstromnetze. Für Einphasenwechselstromsysteme und für Gleichstromsysteme gelten die Festlegungen analog. Die angewendeten Kurzzeichen haben folgende Bedeutung:

**Erster Buchstabe:**
Erdungsbedingungen der speisenden Stromquelle;

T – direkte Erdung eines Punktes,
I – entweder Isolierung aller aktiven Teile von der Erde oder Verbindung eines Punktes mit Erde über eine Impedanz.

**Zweiter Buchstabe:**
Erdungsbedingungen der Körper der elektrischen Anlagen;

T – direkt geerdet, unabhängig von der bestehenden Erdung eines Punktes der Stromquelle,
N – Körper, direkt mit der Betriebserde verbunden. In Wechselspannungsnetzen ist der geerdete Punkt im allgemeinen der Sternpunkt.

**Weitere Buchstaben**

Anordnung des Neutralleiters und des Schutzleiters (nur im TN-Netz);

S – Neutralleiter und Schutzleiter als getrennte Leiter,
C – Neutralleiter und Schutzleiter sind in einem Leiter als PEN-Leiter kombiniert.
Dieser Leiter wurde früher als Nulleiter bezeichnet.

**TN-Netze**

In TN-Netzen ist ein Punkt direkt geerdet (Betriebserder). Die Körper der elektrischen Anlage sind entweder über Schutzleiter und/oder PEN-Leiter mit diesem Punkt verbunden. Die drei folgenden Arten von TN-Netzen sind entsprechend der Anordnung der Neutralleiter und der Schutzleiter in der Praxis zu unterscheiden:

TN-S-Netz –  Getrennte Neutralleiter und Schutzleiter im gesamten Netz (**Bild 4-1**).

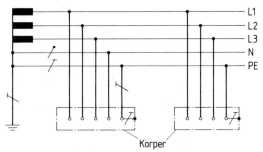

**Bild 4-1.** TN-S-Netz: Getrennte Neutralleiter und Schutzleiter im gesamten Netz (Auszug aus DIN VDE 0100 Teil 300)

TN-C-Netz –  Neutralleiter und Schutzleiter sind im gesamten Netz in einem gemeinsamen Leiter, dem PEN-Leiter, zusammengefaßt. Beim Einsatz von Überstromschutzorganen entspricht dieses Netz der klassischen Nullung (**Bild 4-2**).

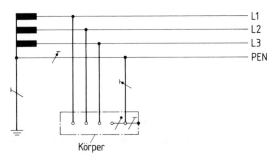

**Bild 4-2.** TN-C-Netz: Neutralleiter- und Schutzleiterfunktionen sind im gesamten Netz in einem einzigen Leiter, dem PEN-Leiter, zusammengefaßt (Auszug aus DIN VDE 0100 Teil 300)

TN-C-S-Netz – Nur in einem Teil des Netzes sind die Funktionen des Neutralleiters und des Schutzleiters in einem einzigen PEN-Leiter zusammengefaßt (**Bild 4-3**).

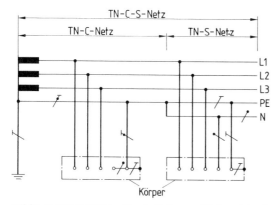

**Bild 4–3.** TN-C-S-Netz: Neutralleiter- und Schutzleiterfunktionen sind in einem Teil des Netzes in einem einzigen Leiter, dem PEN-Leiter, zusammengefaßt (Auszug aus DIN VDE 0100 Teil 300)

## TT-Netze

In TT-Netzen (**Bild 4-4**) ist ein Punkt direkt geerdet (Betriebserdung). Die Körper der elektrischen Anlage sind mit Erdern verbunden, die von der Betriebserdung getrennt sind. Beim Einsatz von Überstromschutzorganen entspricht dieses Netz der Schutzerdung und bei Verwendung einer Fehlerstrom-Schutzeinrichtung der FI-Schutzschaltung.

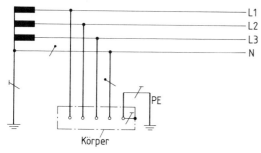

**Bild 4–4.** TT-Netz (Auszug aus DIN VDE 0100 Teil 300)

## IT-Netze

Die IT-Netze (**Bild 4-5**) haben keine direkte Verbindung zwischen aktiven Leitern und geerdeten Teilen. Die Körper der elektrischen Anlagen sind gesondert geerdet. Beim Einsatz einer Isolationsüberwachungseinrichtung ist ein Netz mit einem Schutzleitungssystem wirksam.

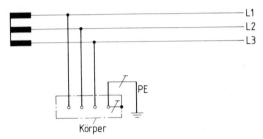

**Bild 4–5.** IT-Netz (Auszug aus DIN VDE 0100 Teil 300)

## 4.2 Schutzmaßnahmen

Damit beim sachgemäßen Betrieb elektrischer Anlagen keine Gefahren für Personen und Nutztiere entstehen können, Sachwerte beschädigt oder vernichtet werden, sind zur Verhütung von Unfällen bestimmte Schutzmaßnahmen vorzusehen. Dazu gehören Maßnahmen zum

- Schutz gegen gefährliche Körperströme,
- Schutz von Kabeln und Leitungen gegen Erwärmung durch Überlast,
- Schutz gegen Erwärmung an Fehlerstellen,
- Schutz gegen thermische Einflüsse,
- Schutz gegen Über- und Unterspannungen.

### 4.2.1 Schutz gegen gefährliche Körperströme

Beim Schutz gegen gefährliche Körperströme nach DIN VDE 0100 Teil 410 [6] wird unterschieden in Schutz gegen direktes Berühren und in Schutz bei indirektem Berühren.
Der Schutz gegen **direktes** Berühren kann sichergestellt werden durch:

- Schutz durch Schutzkleinspannung (**Bild 4-6**),
- Schutz durch Begrenzung der Entladungsenergie,
- Schutz durch Funktionskleinspannung (**Bild 4–7**),
- Schutz durch Isolierung aktiver Teile (**Bild 4–8**),
- Schutz durch Abdeckungen oder Umhüllungen (**Bild 4–9**),
- Schutz durch Hindernisse,
- Schutz durch Abstand,
- zusätzlichen Schutz durch Fehlerstrom-Schutzeinrichtungen.

20

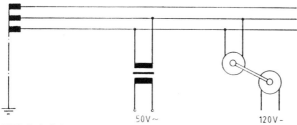

**Bild 4-6.** Schutzkleinspannung

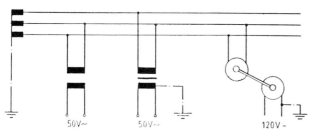

**Bild 4-7.** Funktionskleinspannung

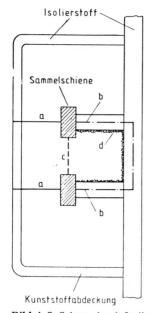
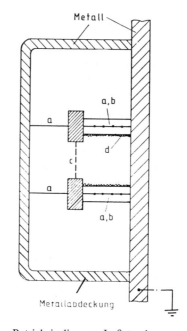

**Bild 4-8.** Schutz durch Isolierung.

a  Basisisolierung

b  Betriebsisolierung: feste Strecke

c  Betriebsisolierung: Luftstrecke

d  Betriebsisolierung: Kriechstrecke

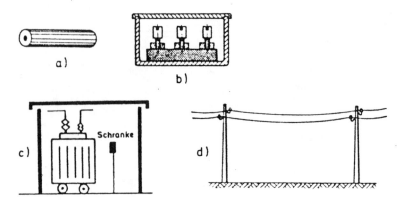

**Bild 4–9.** Beispiele zum Schutz durch:
a Isolierung                    c Hindernisse
b Abdeckung oder Umhüllung      d Abstand


Der Schutz bei **indirektem** Berühren ergibt sich aus den Gefahren, die entstehen, wenn die Grenze der zulässigen Berührungsspannung von 50 V Wechselspannung oder 120 V Gleichspannung überschritten wird.
Die angewendeten Schutzmaßnahmen erfordern eine Abstimmung der bestehenden obengenannten Netzformen und verwendeten Schutzeinrichtungen. Die gewählten Schutzeinrichtungen sind so auszuwählen, daß unter bestimmten Bedingungen ein Fehler innerhalb der vorgegebenen Zeit abgeschaltet wird.
Der Schutz bei indirektem Berühren wird nach DIN VDE 0100 Teil 410 erreicht, entweder durch:

– Schutz durch Schutzkleinspannung (Bild 4-6),
– Schutz durch Begrenzung der Entladungsenergie,
– Schutz durch Funktionskleinspannung (Bild 4-7),
oder durch
– Schutz durch Abschaltung und/oder Meldung (**Bilder 4-10 a** bis **4-10 d**) im
  – TN-Netz  mit. Überstrom- oder FI-Schutzeinrichtung,
  – TT-Netz  mit. Überstrom- oder FI- bzw. FU-Schutzeinrichtung,
  – IT-Netz  Meldungen mit. Überstrom- oder FI- bzw. FU-Schutzeinrichtung,

  sowie Isolationsüberwachungseinrichtungen

– Schutz durch Schutzisolierung (**Bild 4-11**),
– Schutz durch nichtleitende Räume (**Bild 4-12**),
– Schutz durch erdfreien örtlichen Potentialausgleich (**Bild 4-13**),
– Schutz durch Schutztrennung eines bzw. mehrerer Verbraucher (**Bild 4-14**).


Anforderungen und Auslegungen der Schutzeinrichtungen sind DIN VDE 0100 Teil 411 zu entnehmen.

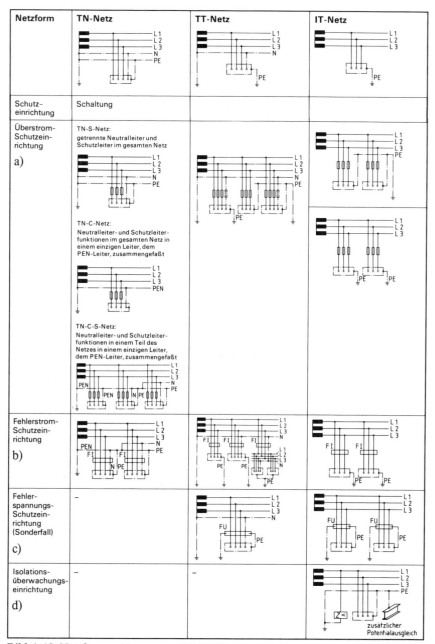

| Netzform | TN-Netz | TT-Netz | IT-Netz |
|---|---|---|---|
| Schutz-einrichtung | Schaltung | | |
| Überstrom-Schutzein-richtung<br>a) | TN-S-Netz:<br>getrennte Neutralleiter und Schutzleiter im gesamten Netz<br><br>TN-C-Netz:<br>Neutralleiter- und Schutzleiter-funktionen im gesamten Netz in einem einzigen Leiter, dem PEN-Leiter, zusammengefaßt<br><br>TN-C-S-Netz:<br>Neutralleiter- und Schutzleiter-funktionen in einem Teil des Netzes in einem einzigen Leiter, dem PEN-Leiter, zusammengefaßt | | |
| Fehlerstrom-Schutzein-richtung<br>b) | | | |
| Fehler-spannungs-Schutzein-richtung<br>(Sonderfall)<br>c) | – | | |
| Isolations-überwachungs-einrichtung<br>d) | – | – | |

**Bild 4–10.** Netzformen (Auszug aus DIN VDE 0100 Teil 410)

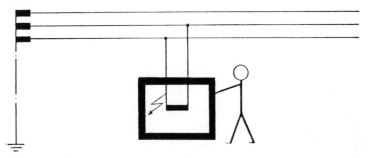

**Bild 4–11.** Schutzisolierung

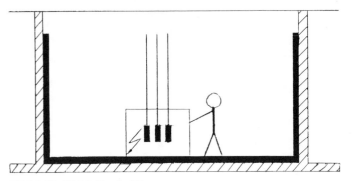

**Bild 4–12.** Nichtleitende Räume

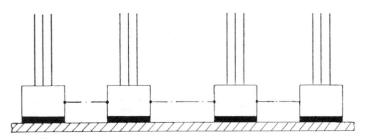

**Bild 4–13.** Erdfreier, örtliche Potentialausgleich

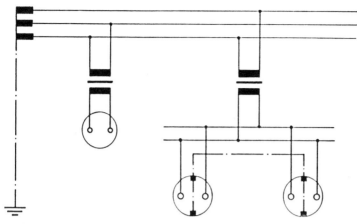

**Bild 4-14.** Schutztrennung

## 4.2.2 Schutzarten

Die Schutzarten von elektrischen Betriebsmitteln durch Gehäuse nach DIN·
VDE 0470 Teil 1 [6a] geben an:

- Schutz von Personen gegen den Zugang zu gefährlichen Teilen innerhalb des
  Gehäuses (Berührungsschutz),
- Schutz des Betriebsmittels innerhalb des Gehäuses gegen Eindringen von festen
  Fremdkörpern (Fremdkörperschutz),
- Schutz des Betriebsmittels innerhalb des Gehäuses gegen schädliche Einwirkun-
  gen durch das Eindringen von Wasser (Wasserschutz).

Das verwendete Kurzzeichen besteht aus dem gleichbleibenden Kennbuchstaben
IP, den angefügten Kennziffern für den Berührungs- und Fremdkörperschutz sowie
Wasserschutz. Weiterhin ist die Angabe ergänzender Buchstaben zu präzisierten
Kennzeichnung des Schutzes von Personen und Betriebsmitteln möglich. Die
Kennzeichnung wird wie folgt dargestellt:

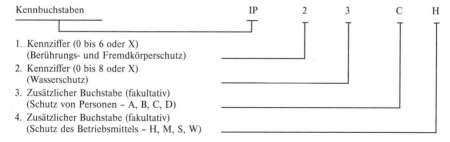

25

**Tabelle 4-1.** Schutzumfang bei Schutzarten (Auszug aus DIN VDE 0470 Teil 1)

| Kenn-ziffer | Erste Ziffer | | Zweite Ziffer |
|---|---|---|---|
| | Berührungsschutz | Fremdkörperschutz | Wasserschutz |
| 0 | kein besonderer Schutz | kein besonderer Schutz | kein besonderer Schutz |
| 1 | Fernhalten des Handrücken | Schutz gegen Fremd-körper; $\geq$ 50 mm Durchmesser | Schutz gegen senkrecht tropfendes Wasser |
| 2 | Fernhalten von Fingern o. ä. Gegenständen | Schutz gegen Fremd-körper; $\geq$ 12,5 mm Durchmesser | Schutz gegen schräg (15 °C) tropfendes Wasser |
| 3 | Fernhalten von Dräh-ten, Werkzeugen bis 2,5 mm Dicke | Schutz gegen Fremd-körper; $\geq$ 2,5 mm Durchmesser | Schutz gegen Sprüh-wasser, schräg bis 60 °C |
| 4 | Fernhalten von Dräh-ten o. ä. Gegenständen bis 1 mm Dicke | Schutz gegen Fremd-körper; $\geq$ 1 mm Durchmesser | Schutz gegen Spritz-wasser aus allen Richtungen |
| 5 | Fernhalten von Dräh-ten o. ä. Gegenständen bis 1 mm Dicke | Schutz gegen Staub ablagerungen | Schutz gegen Strahl-wasser – Wasserstrahl aus einer Düse |
| 6 | Fernhalten von Dräh-ten o. ä. Gegenständen bis 1 mm Dicke | Schutz gegen Staub-eintritt; staubdicht | Schutz gegen starken Wasserstrahl und z. B. schwere See |
| 7 | – | – | Eintauchen bei festge-legtem Druck und Zeit |
| 8 | – | – | dauerndes Unter-tauchen bei festgelegten Bedingungen |

Die verschiedenen Schutzgrade und deren Schutzumfang sind in der **Tabelle 4-1** aufgeführt. Wird beim Festlegen einer Anforderung nur eine Kennziffer benötigt, siehe Beispiele, ist anstelle der nicht geforderten Kennziffer ein X zu setzen.

**Beispiele:**

- IP 2X – schützt Personen gegen den Zugang zu gefährlichen Teilen mit Fingern und
  - schützt das Betriebsmittel innerhalb des Gehäuses gegen Eindringen von festen Fremdkörpern (12 mm)
  - freigestellt ist der Wasserschutz

- IP 4X - freigestellt ist der Berührungs- und Fremdkörperschutz
  - schützt das Betriebsmittel innerhalb des Gehäuses gegen Spritzwasser aus allen Richtungen.

### 4.2.3 Schutzklassen

Voraussetzung für einen gefahrlosen Betrieb von Geräten ist ihr Aufbau nach einer genormten Schutzklasse. Die Schutzklassen werden in der Bundesrepublik Deutschland nach DIN VDE 0106 Teil 1 [7] **Tabelle 4-2** in die Klassen I, II und III eingeteilt. Beispiele sind im Bild 4-15 ersichtlich.

**Tabelle 4–2.** Schutzklassen

| Schutz-klasse | Symbol DIN 40 100 | Erläuterungen Gerät |
|---|---|---|
| 0 | | nicht zulässig |
| I | ⏚ | Schutzleiter-Anschluß |
| II | ▢ | Schutzisolierung |
| III | ◁Ⅲ▷ | Schutzkleinspannung |

Es bedeuten:
- **Schutzklasse 0** (in der Bundesrepublik Deutschland nicht zulässig). Der Schutz gegen elektrischen Schlag muß durch die Basisisolierung gesichert sein, und ein Schutzleiter kann nicht angeschlossen werden.
- **Schutzklasse I**
  Der Schutz wird durch die Basisisolierung und durch die Verbindung aller leitfähigen Teile (Körper) mit dem Schutzleiter gesichert.
- **Schutzklasse II**
  Der Schutz wird durch eine doppelte oder verstärkte Isolierung realisiert, die die Bedingungen einer Schutzisolierung erfüllt.
- **Schutzklasse III**
  Der Schutz wird durch Anwendung der Schutzkleinspannung realisiert.

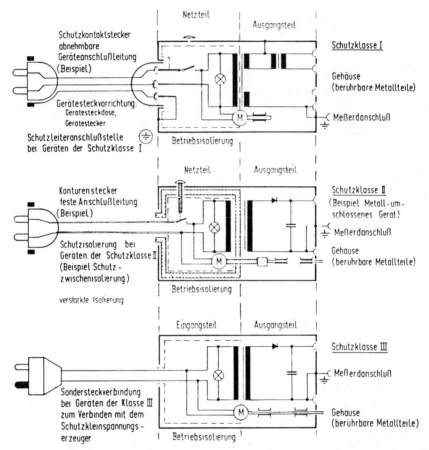

**Bild 4–15.** Beispiele für Ausführungen elektronischer Meßgeräte in den Schutzklassen I, II und III

## 4.3 Schutz von Kabeln und Leitungen gegen Erwärmung durch Überlast

Zum sachgemäßen Betrieb elektrischer Anlagen müssen nach DIN VDE 0100 Teil 430 [8] die verwendeten Kabel und Leitungen mit Überstromschutzorganen gegen zu hohe Erwärmungen geschützt werden, die sowohl durch betriebsmäßige Überlastung als auch durch vollkommenen Kurzschluß auftreten kann.
Als zulässige Überstromschutzorgane, die sowohl bei Überlast als auch bei Kurzschluß verwendet werden können, gehören:

28

- Leitungsschutzsicherungen nach DIN VDE 0636,
- Leitungsschutzschalter nach DIN VDE 0641,
- Leistungsschalter nach DIN VDE 0660 Teil 1.

Ein Schutz bei Überlast bzw. Kurzschluß wird erreicht, wenn die Schutzorgane, die Überlast- bzw. Kurzschlußströme in den Leitern eines Stromkreises unterbrechen, ehe sie eine für die Leiterisolierung, die Anschluß- und Verbindungsstellen sowie die Umgebung der Kabel und Leitungen schädliche Erwärmung hervorrufen können.
Zum Schutz bei Überlast müssen folgende Bedingungen erfüllt sein:

$$I_b \leq I_n \leq I_z \ (1) \quad \text{oder} \quad I_2 \leq 1,45 \ I_z \ (2)$$

Darin bedeuten:

$I_b$ Betriebsstrom des Stromkreises
$I_z$ Zulässige Strombelastbarkeit des Kabels oder Leitung nach DIN VDE 0298 Teil 2 oder Teil 4; Strombelastbarkeitswerte für nicht in Erdreich verlegte Kabel und Leitungen umgerechnet auf 25 °C Umgebungstemperatur nach Beiblatt 1 zu DIN VDE 0100 Teil 430 siehe Tabelle 4-3
$I_n$ Nennstrom der Schutzeinrichtung
$I_2$ Der Strom, der eine Auslösung der Schutzeinrichtungen unter den in den Gerätebestimmungen festgelegten Bedingungen bewirkt. Die vereinbarten Betriebsbedingungen zur Anwendung der **Tabelle 4-3** sind für verschiedene Verlegearbeiten der **Tabelle 4-4** zu entnehmen.

Zum Schutz bei Kurzschluß müssen folgende Bedingungen erfüllt sein:

a) Das Ausschaltvermögen muß mindestens dem größten Strom bei vollkommenem Kurzschluß am Einbauort entsprechen
b) Die Zeit bis zum Ausschalten des Kurzschlußstromes darf nicht länger sein als die Ausschaltzeit, in der dieser Strom die Leiter auf die zulässige Kurzschlußtemperatur erwärmt.

Schutzeinrichtungen zum Schutz bei Kurzschluß bzw. Überlast müssen am Anfang jedes Stromkreises bzw. an allen Stellen eingebaut werden, an denen die Kurzschlußstrom- bzw. Überlaststrom-Belastbarkeit gemindert wird, so fern eine vorgeschaltete Schutzeinrichtung den geforderten Schutz nicht sicherstellen kann.
Die Angabe von Ausnahmen und Bedingungen, wo Schutzeinrichtungen entfallen dürfen, z. B. bei Meßstromkreisen, Kondensatoren oder Batterieanlagen, kurze Kabel- bzw. Leitungslängen bis 3 m mit geringer Gefahr für auftretende Kurzschlüsse, sind aus DIN VDE 0100 Teil 430 zu ersehen.

Informationsbeispiele für die höchstzulässigen Leitungslängen bei einpoligem Kurzschluß zeigt ein Nomogramm nach **Bild 4-16** oder **Tabelle 4-5** gemäß der ehemaligen Ausgabe DIN VDE 0100 Teil 430.

**Tabelle 4–3.** Belastbarkeit, Kabel oder Leitungen für feste Verlegung, Verlegearten A, B1, B2 und C wie die Verlegeart E, frei in Luft und Zuordnung von Überstrom-Schutzeinrichtungen zum Schutz bei Überlast (Tabellen 3 und 4 aus DIN VDE 0298 Teil 4/02. 88 mit der Änderung aus Entwurf DIN VDE 0298 Teil 4 A1/01. 91 zusammengefaßt und auf 25 °C Umgebungstemperatur umgerechnet)

| 1 | 2 | 3 | 4 | 5 | 6 | 7 | 8 | 9 | 10 | 11 |
|---|---|---|---|---|---|---|---|---|---|---|
| Isolierwerkstoff | PVC | | | | | | | | | |
| Bauart-Kurzzeichen[1] | NYM, NYBUY, NHYRUZY, NYIF, H07V-U, H07V-R, H07V-K, NYIFY | | | | | | | | NYY, NYCWY, NYKY, NYM, NYMZ, MYMT, NYBUY, NHYRUZY | |
| Zulässige Betriebstemperatur | 70°C | | | | | | | | | |
| Umgebungstemperatur | 25°C | | | | | | | | | |
| Anzahl der belasteten Adern | 2 | 3 | 2 | 3 | 2 | 3 | 2 | 3 | 2 | 3 |
| Verlegeart | A | | B1 | | B2 | | C | | E | |
| | in wärmedämmenden Wänden | | auf oder in Wänden oder unter Putz | | auf oder in Wänden oder unter Putz | | direkt verlegt | | frei in Luft unter Einhaltung der angegebenen Abstände verlegt | |
| | Aderleitungen im Elektroinstallationsrohr[2][5] | | Aderleitungen im Elektroinstallationsrohr auf der Wand[3] | | in Elektroinstallationsrohren oder -kanälen | | | | | |
| | | | | | Aderleitungen im Elektroinstallationsrohr im Elektroinstallationsrohr auf der Wand oder auf dem Fußboden | | Mehradrige Leitung auf der Wand oder auf dem Fußboden | | Mehradrige Leitung auf der Wand oder auf dem Fußboden[4] | |

Mehradrige Leitung im Elektroinstallationsrohr [5]

Aderleitungen im Elektroinstallationskanal auf der Wand

Mehradrige Leitung im Elektroinstallationskanal auf der Wand oder auf dem Fußboden

Einadrige Mantelleitungen auf der Wand oder auf dem Fußboden

Mehradrige Leitung in der Wand

Aderleitungen, einadrige Mantelleitung, mehradrige Leitungen im Elektroinstallationsrohr im Mauerwerk

Mehradrige Leitung, Stegleitung in der Wand oder unter Putz

$\geq 0{,}3\,d$

$\geq 0{,}3\,d$

Fußnoten siehe Seite 33

31

**Tabelle 4–3.** (Fortsetzung)

| 1 | 2 | | 3 | | 4 | | 5 | | 6 | |
|---|---|---|---|---|---|---|---|---|---|---|
| Nennquerschnitt des Kupferleiters in mm² | Strombelastbarkeit $I_z$ in A und Nennstrom $I_n$ der Überstrom-Schutzeinrichtung, deren großer Prüfstrom $I_2 \leq 1,45\,I_n$ sein muß | | | | | | | | | |
| | $I_z$ | $I_n$ | $I_z$ | $I_n$ | $I_z$ | $I_n$ | $I_z$ | $I_n$ | $I_z$ | $I_n$ |
| 1,5 | 16,5[8] | 16 | 14 | 13[9] | 18,5 | 16 | 16,5 | 16 | 16,5 | 16 |
| 2,5 | 21 | 20 | 19 | 16 | 25 | 25 | 22 | 20 | 22 | 20 |
| 4 | 28 | 25 | 25 | 25 | 34 | 32[10] | 30 | 25 | 30 | 25 |
| 6 | 36 | 35[11] | 33 | 32[10] | 43 | 40[12] | 38 | 35[11] | 39 | 35[11] |
| 10 | 49 | 40[12] | 45 | 40[12] | 60 | 50 | 53 | 50 | 53 | 50 |
| 16 | 65 | 63 | 59 | 50 | 81 | 80 | 72 | 63 | 72 | 63 |
| 25 | 85 | 80 | 77 | 63 | 107 | 100 | 94 | 80 | 95 | 80 |
| 35 | 105 | 100 | 94 | 80 | 133 | 125 | 118 | 100 | 117 | 100 |
| 50 | 126 | 125[13] | 114 | 100 | 160 | 160[14] | 142 | 125[13] | – | – |
| 70 | 160 | 160[14] | 144 | 125[13] | 204 | 200[14] | 181 | 160[14] | – | – |
| 95 | 193 | 160[14] | 174 | 160[14] | 246 | 200[14] | 219 | 200[14] | – | – |
| 120 | 223 | 200[14] | 199 | 160[14] | 285 | 250[14] | 253 | 250[14] | – | – |

| 1 | 7 | | 8 | | 9 | | 10 | | 11 | |
|---|---|---|---|---|---|---|---|---|---|---|
| Nennquerschnitt des Kupferleiters in mm² | Strombelastbarkeit $I_z$ in A und Nennstrom $I_n$ der Überstrom-Schutzeinrichtung, deren großer Prüfstrom $I_2 \leq 1,45\,I_n$ sein muß | | | | | | | | | |
| | $I_z$ | $I_n$ | $I_z$ | $I_n$ | $I_z$ | $I_n$ | $I_z$ | $I_n$ | $I_z$ | $I_n$ |
| 1,5 | 15 | 13[9] | 21 | 20 | 18,5 | 16 | 21 | 20 | 19,5 | 16 |
| 2,5 | 20 | 20 | 28 | 25 | 25 | 25 | 29 | 25 | 27 | 25 |
| 4 | 28 | 25 | 37 | 35[11] | 35[8] | 35[11] | 39 | 35[11] | 36 | 35[11] |
| 6 | 35 | 35[11] | 49 | 40[12] | 43 | 40[12] | 51 | 50 | 46 | 40[12] |
| 10 | 50[8] | 50 | 67 | 63 | 63[8] | 63 | 70 | 63 | 64 | 63 |
| 16 | 65 | 63 | 90 | 80 | 81 | 80 | 94 | 80 | 85 | 80 |
| 25 | 82 | 80 | 119 | 100 | 102 | 100 | 125 | 125 | 107 | 100 |
| 35 | 101 | 100 | 146 | 125[13] | 126 | 125[13] | 154 | 125[13] | 134 | 125[13] |
| 50 | – | – | – | – | – | – | – | – | – | – |
| 70 | – | – | – | – | – | – | – | – | – | – |
| 95 | – | – | – | – | – | – | – | – | – | – |
| 120 | – | – | – | – | – | – | – | – | – | – |

Fußnoten für Tabelle 4-3

[1] Auflistung der Bauart-Kurzzeichen mit Angaben, welchen Normen die Kabel und Leitungen entsprechen (siehe DIN VDE 0298 Teil 1 und Teil 3)

[2] Gilt auch für Aderleitungen im Elektroinstallationsrohr in geschlossenen Fußbodenkanälen

[3] Gilt auch für Aderleitungen im Elektroinstallationsrohr in belüfteten Fußbodenkanälen

[4] Gilt auch für mehradrige Leitung in offenen oder belüfteten Kanälen

[5] Gilt auch für Aderleitungen, einadrige Mantelleitungen, mehradrige Leitung im Elektroinstallationskanal

[6] Gilt auch für Aderleitungen im Elektroinstallationsrohr in der Decke

[7] Gilt auch für mehradrige Leitung in der Decke

[8] siehe Erläuterungen

[9] $I_n = 10$ A bei Sicherungen, die es z. Z. mit dem Nennstrom $I_n = 13$ A nicht gibt

[10] $I_n = 25$ A bei D- und D0-Sicherungen, die es z. Z. mit dem Nennstrom $I_n = 32$ A nicht gibt

[11] $I_n = 32$ A bei Leitungsschutzschaltern, die es z. Z. mit dem Nennstrom $I_n = 35$ A nicht gibt

[12] $I_n = 35$ A bei D- und D0-Sicherungen, die es z. Z. mit dem Nennstrom $I_n = 40$ A nicht gibt

[13] D- und D0-Sicherungen gibt es z.Z. bis zum maximalen Nennstrom $I_n = 100$ A

[14] Leitungsschutzschalter gibt es z.Z. bis zum maximalen Nennstrom $I_n = 125$ A; siehe auch Fußnote 13)

33

**Tabelle 4–4.** Betriebsbedingungen für Kabel und Leitungen für feste Verlegung
(Auszug aus VDE 0100 T 430)

| 1 | 2 |
|---|---|
| Vereinbarte Bedingungen | Abweichende Bedingungen |
| Betriebsart<br>Dauerbetrieb mit den Warten der Belastbarkeit nach Tabelle **14** | – |
| Verlegebedingungen<br>Verlegeart A<br>Verlegung in wärmedämmenden Wänden nach Tabelle **14**<br>– Aderleitungen im Elektroinstallationsrohr<br>– mehradrige Leitung im Elektroinstallationsrohr<br>– mehradrige Leitung in der Wand | Umrechnungsfaktoren<br>– Für Häufung nach DIN VDE 0298 Teil 4/02. 88, Tabelle **11**<br>– für vieladrige Leitungen nach DIN VDE 0298 Teil 4/02. 88 Tabelle **13** |
| Verlegeart B1, B2<br>Verlegung in Elektroinstallationsrohren oder -kanälen nach Tabelle **14**<br>– Aderleitungen im Elektroinstallationsrohr auf der Wand<br>– Aderleitungen im Elektroinstallationskanal auf der Wand<br>– Aderleitungen, einadrige Mantelleitungen oder mehradrige Leitungen im Elektroinstallationsrohr in der Wand oder unter Putz<br>– mehradrige Leitung im Elektroinstallationsrohr<br>– auf der Wand oder auf dem Fußboden<br>– mehradrige Leitung im Elektroinstallationskanal auf der Wand oder auf dem Fußboden | Umrechnungsfaktoren<br>– für Häufung nach DIN VDE 0298 Teil 4/02. 88, Tabelle **11**<br><br><br><br><br><br>– für vieladrige Leitungen nach DIN VDE 0298 Teil 4/02. 88, Tabelle **13** |
| Verlegeart C<br>Direkte Verlegung nach Tabelle **14**<br>– mehradrige Leitung auf der Wand oder auf dem Fußboden<br>– einadrige Mantelleitung auf der Wand oder auf dem Fußboden<br>– mehradrige Leitung in der Wand oder unter Putz<br>– Stegleitung unter Putz | Umrechnungsfaktoren<br>– für Häufung nach DIN VDE 0298 Teil 4/02. 88, Tabelle **11**<br>– für vieladrige Leitungen nach DIN VDE 0298 Teil 4/02. 88, Tabelle **13** |

**Tabelle 4–4.** (Fortsetzung)

| 1 | 2 |
|---|---|
| Vereinbarte Bedingungen | Abweichende Bedingungen |
| Verlegeart E<br>Verlegung frei in Luft nach Tabelle **14**, d. h., die ungehinderte Wärmeabgabe wird sichergestellt:<br>– bei Abstand der Leitung oder des Kabels von der Wand nach Tabelle **14**<br>– bei nebeneinander liegenden Leitungen oder Kabeln mit einem Zwischenraum von mindestens 2fachem Außendurchmesser $d$<br>– bei übereinanderliegenden Leitungen oder Kabeln mit einem senkrechten Zwischenraum von mindestens 2fachem Außendurchmesser $d$ | Umrechnungsfaktoren<br>– für Häufung von Kabeln nach DIN VDE 0298 Teil 2/11. 79, Tabellen **22** und **23**<br>– für Häufung von Leitungen nach DIN VDE 0298 Teil 4/02. 88, Tabelle **11**<br>– für vieladrige Kabel und Leitungen nach DIN VDE 0298 Teil 4/02. 88, Tabelle **13** |
| Umgebungsbedingungen (siehe DIN VDE 0298 Teil 4/02. 88, Abschnitt 4.3.3)<br>Umgebungstemperatur 25 °C | Bei abweichenden Umgebungstemperaturen ist nach DIN VDE 0298 Teil 4/02. 88, Tabelle **10** zu projektieren. |
| Ausreichend große oder belüftete Räume, in denen die Umgebungstemperatur durch die Verlustwärme der Kabel und/oder Leitungen nicht merklich erhöht wird (siehe DIN VDE 0298 Teil 4/02. 88, Abschnitt 4.3.3.2) | |
| Schutz gegen direkte Wärmebestrahlung durch Sonne usw. | siehe DIN VDE 0298 Teil 4/02. 88, Abschnitt 4.3.3.3 usw. |

35

Nomogramm zur Ermittlung der höchstzulässigen Leitungs- bzw. Kabellängen bei einpoligen Kurzschlüssen in 380/220-V-Netzen für Sicherungen nach DIN 57 636/VDE 0636, die nur bei Kurzschluß schützen sollen, und PVC-isolierten Leitern bis 16 mm$^2$ Cu.

Beispiel:

Nennstrom der
Sicherung          50 A
Leiterquerschnitt   6 mm$^2$
Schleifenimpedanz 300 mΩ
Höchstzulässige
Leitungslänge      58 m

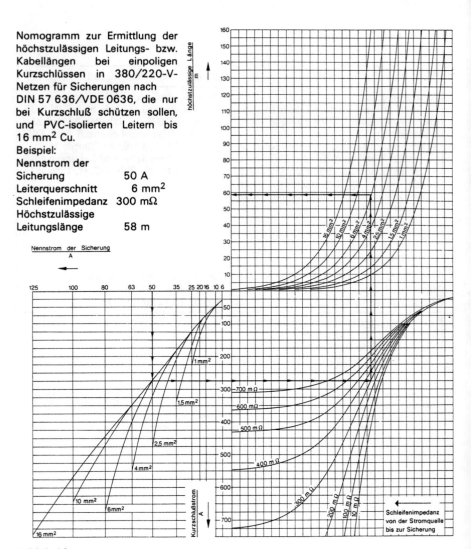

**Bild 4–16.**

**Tabelle 4-5.** Höchstzulässige Leitungs- bzw. Kabellänge bei einpoligen Kurzschlüssen in 380/220-V-Netzen für Sicherungen nach DIN 57 636/VDE 0636, die nur bei Kurzschluß schützen sollen und PVC-isolierten Leitern von 25 bis 150 mm² Al

| Querschnitt mm² | Nennstrom der Sicherung A | Kurzschluß-strom A | Höchstzulässige Länge bei einer Schleifenimpedanz bis zur Sicherung | | | | |
|---|---|---|---|---|---|---|---|
| | | | 10 mΩ m | 50 mΩ m | 100 mΩ m | 200 mΩ m | 300 mΩ m |
| 25 | 63 | 350 | 169 | 159 | 146 | 120 | 94 |
| | 80 | 500 | 118 | 108 | 95 | 68 | 41 |
| | 100 | 740 | 79 | 69 | 56 | 28 | – |
| | 125 | 1170 | 49 | 39 | 25 | – | – |
| 35 | 80 | 450 | 183 | 169 | 151 | 114 | 76 |
| | 100 | 570 | 144 | 130 | 112 | 75 | 35 |
| | 125 | 890 | 91 | 77 | 58 | 19 | – |
| | 160 | 1310 | 61 | 46 | 27 | – | – |
| 50 | 100 | 570 | 205 | 184 | 159 | 105 | 49 |
| | 125 | 740 | 157 | 136 | 110 | 56 | – |
| | 160 | 1000 | 115 | 94 | 67 | 11 | – |
| | 200 | 1580 | 71 | 50 | 22 | – | – |
| 70 | 125 | 740 | 218 | 189 | 153 | 77 | – |
| | 160 | 960 | 167 | 138 | 101 | 23 | – |
| | 200 | 1300 | 121 | 92 | 54 | – | – |
| | 250 | 1650 | 94 | 65 | 26 | – | – |
| 95 | 160 | 960 | 225 | 185 | 135 | 31 | – |
| | 200 | 1300 | 163 | 124 | 73 | – | – |
| | 250 | 1580 | 133 | 93 | 41 | – | – |
| | 315 | 2070 | 99 | 59 | 6 | – | – |
| 120 | 160 | 960 | 281 | 231 | 168 | 38 | – |
| | 200 | 1300 | 204 | 154 | 90 | – | – |
| | 250 | 1580 | 166 | 116 | 51 | – | – |
| | 315 | 2070 | 124 | 73 | 8 | – | – |
| 150 | 200 | 1300 | 252 | 190 | 111 | – | – |
| | 250 | 1580 | 205 | 142 | 63 | – | – |
| | 315 | 2070 | 152 | 90 | 10 | – | – |
| | 400 | 2650 | 116 | 53 | – | – | – |

## 4.4 Auswahl und Errichtung elektrischer Anlagen und Betriebsmittel

Anlagen und Betriebsmittel müssen nach DIN VDE 0100 Teil 510 [9] so ausgewählt, zusammengestellt und errichtet werden, daß die Wirksamkeit der Schutzmaßnahmen gesichert, die geltenden Vorschriften eingehalten und die zu erwartenden äußeren Einflüsse und Herstellerangaben, z. B. besondere und Betriebsbedingungen (Spannung, Strom, Frequenz, Leistung usw.), berücksichtigt werden.
In Anlagen eingesetzte spezielle Betriebsmittel sind so zu kennzeichnen (**Tabelle 4-6 und Tabelle 4-7**), daß die Funktion von Schalt- und Steuergeräten vom Bedie-

**Tabelle 4–6.** Farben für Leuchtmelder und ihre Bedeutung (Auszug aus DIN VDE 0199)

| 1 | 2 | 3 | 4 |
|---|---|---|---|
| Farbe | Bedeutung | Erläuterung | Typische Anwendung (siehe auch Anhang A) |
| ROT | Gefahr oder Alarm | Warnung vor möglicher Gefahr oder Zuständen, die ein sofortiges Eingreifen erfordern | – Ausfall des Schmiersystems<br>– Temperatur außerhalb vorgegebener (sicherer) Grenzen<br>– wesentliche Teile der Ausrüstung gestoppt durch Ansprechen einer Schutzeinrichtung<br>– Gefahr durch zugängliche spannungsführende oder sich bewegende Teile |
| GELB | Vorsicht | Veränderung oder bevorstehende Änderung der Bedingungen | – Temperatur (oder Druck) abweichend vom Normalwert<br>– Überlast, deren Dauer nur innerhalb beschränkter Zeit zulässig ist |
| GRÜN | Sicherheit | Anzeige sicherer Betriebsverhältnisse oder Freigabe des weiteren Betriebsablaufes | – Kühlflüssigkeit läuft<br>– automatische Kesselsteuerung eingeschaltet<br>– Maschine fertig zum Start |
| BLAU | spezielle Information | Blau kann jede beliebige Bedeutung haben, jedoch nicht die der drei obengenannten Farben Rot, Gelb und Grün | – Anzeige für Fernsteuerung<br>– Wahlschalter in der Einrichtstellung |

38

**Tabelle 4–6.** (Fortsetzung)

| 1 | 2 | 3 | 4 |
|---|---|---|---|
| Farbe | Bedeutung | Erläuterung | Typische Anwendung (siehe auch Anhang A) |
| WEISS | allgemeine Information | jede Bedeutung; darf angewendet werden, wenn bezüglich der Anwendung der Farben Rot, Gelb und Grün Zweifel bestehen und z. B. als Bestätigung | |

**Tabelle 4–7.** Farben für Drucktaster und ihre Bedeutung (Auszug aus DIN VDE 0199)

| 1 | 2 | 3 |
|---|---|---|
| Farbe | Bedeutung der Farbe | Typische Anwendung |
| ROT | Handeln im Gefahrenfall | - Not – Halt<br>— Brandbekämpfung |
| | Stopp (Halt) oder Aus | - alles ausschalten<br>- Stoppen eines Motors oder mehrerer Motoren<br>- Stoppen von Maschinenteilen<br>- Ausschalten eines Schaltgerätes<br>- Rückstelltaste, kombiniert mit Stoppfunktion |
| GELB | Eingriff | - Eingriff, um abnormale Bedingungen zu unterdrücken oder unerwünschte Änderungen zu vermeiden |
| GRÜN | Start oder Ein | - alles einschalten<br>- Starten eines Motors oder mehrerer Motoren<br>- Starten von Maschinenteilen<br>- Einschalten eines Schaltgerätes |
| BLAU | jede beliebige Bedeutung, die nicht durch die obigen Farben abgedeckt ist | in besonderen Fällen kann dieser Farbe eine Bedeutung gegeben werden, die nicht durch die Farben Rot, Gelb, Grün abedeckt ist |
| SCHWARZ GRAU WEISS | keiner besonderen Bedeutung zugeordnet | darf für jede Bedeutung angewendet werden, mit Ausnahme von Stopp- oder Aus-Drucktastern |

**Tabelle 4-8.** Beispiele für die Farbwahl von Leuchtmeldern (Auszug aus DIN VDE 0199)

| | Typische Anwendung | Zugehöriger Schalter | | Leuchtmelder | | | |
|---|---|---|---|---|---|---|---|
| | | Funktion | Stellung | Ort des Leuchtmelders | Durch den Leuchtmelder gegebene Information für den Bedienenden | Bedeutung des leuchtenden Melders (übereinstimmend mit Tabelle I) | zu wählende Farbe |
| | 1 | 2 | 3 | 4 | 5 | 6 | 7 |
| 1 | Offene Hoch- oder Niederspannungsanlage oder elektrisches Prüffeld | Hauptschalter | geschlossen | Außerhalb des Raumes (oder Feldes), nahe beim Eingang | Zugang gefährlich | Gefahr | ROT |
| 2 | | | offen | | Keine Spannung | Sicherheit | GRÜN |
| 3 | Stromverteilungsanlage | Abzweigschalter | geschlossen | Auf der Schalttafel | Abzweig unter Spannung | Spannung vorhanden | WEISS |
| 4 | | | offen | | Abzweig ohne Spannung | keine Spannung | GRÜN |
| 5 | Elektrische Ausrüstung einer Maschine | Hauptschalter | offen | An Bedienungsstand | Bedeutung des nichtleuchtenden Melders: keine Spannung | | |
| 6 | | | geschlossen | | Spannung vorhanden | Normalbetrieb | WEISS |
| 7 | | Abzweigschalter | geschlossen | | Hilfseinrichtungen laufen | Maschine oder Arbeitszyklus startbereit | GRÜN |
| 8 | | | geschlossen | | Maschine läuft | Startmeldung | WEISS |

| Nr | Gerät / Anlage | Schalter | Stellung | Ort | Bedeutung | Signalwort | Farbe |
|---|---|---|---|---|---|---|---|
| 9 | Lüfter für Absaugen gefährlicher Dämpfe | Motorschalter | geschlossen | Zugang zum Lüfterraum | Achtung, Lüfter läuft | Vorsicht | GELB |
| 10 | | | | Am Bedienungsort und vor Ort, wo gefährliche Dämpfe austreten | Entlüftung arbeitet | Sicherheit | GRÜN |
| 11 | | | offen | | Lüfter ausgefallen | Gefahr | ROT |
| 12 | Transportband für Güter, die sich verfestigen dürfen, wenn das Band gestoppt ist | Motorschalter | geschlossen | In der Nähe des Bandes (vor Ort) | Band läuft, Abstand halten | Vorsicht | GELB |
| 13 | | | | Am Bedienungsstand | Richtiger Abstand | Normalbetrieb | WEISS |
| 14 | | | | | Band, überlastet, Last vermindern | Vorsicht | GELB |
| 15 | | | offen | | Band steht wegen Überlastung, für den Wiederanlauf sorgen | Sofortiges Eingreifen erforderlich | ROT |

nenden beobachtet oder, wenn dies nicht möglich ist und sich eine Gefahr ergeben kann, eine Anzeige nach DIN IEC 73/VDE 0199 [10], Beispiele **Tabelle 4-8**, gut sichtbar für den Bedienenden in der Anlage angebracht werden muß.

Kabel- und Leitungsanlagen müssen so angeordnet oder bezeichnet werden, daß bei einer Prüfung, Wartung, Reparatur oder Änderung eine eindeutige Zuordnung möglich ist. Eine Kennzeichnung von flexiblen Leitungen bzw. Leitungen und Kabeln für feste Verlegung ist in DIN VDE 0293 [11] festgelegt (**Tabelle 4-9** und **Tabelle 4-10**).
Eine Zusammenstellung der Kennzeichnung isolierter und blanker Leiter ist dagegen aus der **Tabelle 4-11** gemäß DIN 40 705 [12] bzw. DIN EN 60 445 [13] **Tabelle 4-12** zu ersehen. Für Freileitungen gilt DIN VDE 0211 [14]. Bei der Planung und Erarbeitung der Schaltungsunterlagen für elektrische Anlagen und Betriebsmittel sind die genormten Schaltzeichen z. B. der Reihen DIN 40 700 und DIN 40 703 bis 40 717 [15] sowie für die Schaltpläne oder Tabellen die Normen der Reihen DIN 40 719 und DIN IEC 113 [16] zu verwenden. Bei der Lieferung der Schaltungsunterlagen müssen mindestens ersichtlich sein:

- die Art und der Aufbau der Stromkreise (Verbraucherstellen, Anzahl und Querschnitt der Leiter, Art der Kabel- und Leitungsverlegung),
- die zur Erkennung der Schutz-, Trenn- und Schalteinrichtungen erforderlichen Kennbuchstaben bzw. Zählnummern sowie Anordnung dieser Einrichtung,
- Nennstromstärke der vorgesehenen Schutzeinrichtungen.

Für die folgenden Bereiche gelten darüber hinaus spezielle Festlegungen nach
- DIN VDE 0100 Teil 520 [17] für Kabel, Leitungen und Stromschienen,
- DIN VDE 0100 Teil 537 [18] für Geräte zum Trennen und Schalten,
- DIN VDE 0100 Teil 540 [19] für Erdung, Schutzleiter, Potentialausgleichsleiter,
- DIN VDE 0100 Teil 550 [20] für Steckvorrichtungen, Schalter und Installationsgeräte,
- DIN VDE 0100 Teil 559 [21] für Leuchten und Beleuchtungsanlagen,
- DIN VDE 0100 Teil 560 [22] für elektrische Anlagen für Sicherheitszwecke.

**Tabelle 4–9.** Kennzeichnung der Adern in mehr- und vieladrigen flexiblen Leitungen (Auszug aus DIN VDE 0293)

| 1 | 2 | 3 |
|---|---|---|
| Anzahl der Adern | Leitungen mit grün-gelb gekennzeichneter Ader | Leitungen ohne grün-gelb gekennzeichnete Ader |
| 2 | – | braun, blau |
| 3 | grün-gelb, braun, blau | schwarz, blau, braun |
| 4 | grün-gelb[1], schwarz, blau, braun | schwarz, blau[1], braun, schwarz |
| 5 | grün-gelb[1], schwarz, blau, braun, schwarz | schwarz, blau[1], braun, schwarz, schwarz |
| 6 und mehr | grün-gelb, weitere Adern mit Zahlenaufdruck nach Abschnitt 5 | Adern mit Zahlenaufdruck nach Abschnitt 5 |

[1] Haben Gummischlauchleitungen eine Ader mit geringerem Leiterquerschnitt nach DIN VDE 0100 Teil 540/05. 86, Tabelle 2, so ist bei der Ausführung nach Spalte 2 diese Ader grün-gelb und bei der Ausführung nach Spalte 3 diese Ader blau zu kennzeichnen.


**Tabelle 4–10.** Kennzeichnung der Adern in mehr- und vieladrigen Kabeln und Leitungen für feste Verlegung (Auszug aus DIN VDE 0293)

| 1 | 2 | 3 | 4 |
|---|---|---|---|
| Anzahl der Adern | mit grün-gelb gekennzeichneter Ader | ohne grün-gelb gekennzeichnete Ader | mit konzentrischem Leiter |
| 2 | grün-gelb, schwarz[1] | schwarz, blau | schwarz, blau |
| 3 | grün-gelb, schwarz, blau | schwarz, blau, braun | schwarz, blau, braun |
| 4 | grün-gelb[2], schwarz, blau, braun | schwarz, blau[2], braun, schwarz | schwarz, blau, braun, schwarz |
| 5 | grün-gelb[2], schwarz, blau, braun, schwarz | schwarz, blau[2], braun, schwarz, schwarz | schwarz mit Zahlenaufdruck nach Abschnitt 5.1[3] |
| 6 und mehr | grün-gelb, weitere Adern schwarz mit Zahlenaufdruck nach Abschnitt 5.1 | schwarz mit Zahlenaufdruck nach Abschnitt 5.1 | schwarz mit Zahlenaufdruck nach Abschnitt 5.1 |

Anmerkung: Bei Kabeln mit massegetränkter Papierisolierung gilt naturfarben als braun und grün-naturfarben als grün-gelb.

[1] Diese zweiadrige Ausführung ist nach DIN VDE 0100 Teil 540/05. 86, Tabelle 2, nur zulässig bei Leiterquerschnitten ab 10 mm² Cu oder 16 mm² Al.

[2] Haben Kabel eine Ader mit geringerem Leiterquerschnitt nach DIN VDE 0100 Teil 540/05. 86, Tabelle 2, so ist bei der Ausführung nach Spalte 2 diese Ader grün-gelb und bei der Ausführung nach Spalte 3 diese Ader blau zu kennzeichnen.

[3] Diese Ausführung besitzt insgesamt 6 Leiter.

**Tabelle 4–11.** Zusammenhang zwischen alphanumerischer und farblicher Kennzeichnung isolierter und blanker Leiter (Auszug aus DIN 40 705)

| Kennzeichnung | |
| --- | --- |
| alphanumerisch[1] | Farbe |
| L 1 | nicht zugeordnet |
| L 2 | nicht zugeordnet |
| L 3 | nicht zugeordnet |
| N | Hellblau[2] |
| L + | nicht zugeordnet |
| L − | nicht zugeordnet |
| M | Hellblau[2] |
| PE[*] | Grün-gelb |
| PEN | Grün-gelb |
| E[*] | nicht zugeordnet |
| TE[*] | nicht zugeordnet |

[1] Alphanumerische Kennzeichnung entsprechend IEC-Publikation 445 (= DIN 42 400).
[2] In einigen DIN-Normen und VDE-Bestimmungen ist Blau genannt.
[*] Graphische Symbole siehe IEC-Publikation 117 (in Schaltungsunterlagen = DIN 40 700 ff) und 417 (auf Erzeugnissen = DIN 30 600)

**Tabelle 4–12.** Kennzeichnung einiger besonderer Leiter und ihrer Anschlüsse (Auszug aus DIN EN 60 445)

| Art des Leiters | | Kennzeichnung | |
|---|---|---|---|
| | | alphanumerisch | graphisches Symbol |
| Wechselstromnetz | Außenleiter 1<br>Außenleiter 2<br>Außenleiter 3<br>Neutralleiter | L1<br>L2<br>L3<br>N | nach DIN 40 712 und DIN 40 100 Teil 3 soweit bereits festgelegt |
| Gleichstromnetz | Positiv<br>Negativ<br>Mittelleiter | L +<br>L –<br>M | |
| Schutzleiter<br>Neutralleiter mit Schutzfunktion<br>(PEN-Leiter) | | PE<br><br>PEN | |
| Schutzleiter, nicht geerdet | | PU | |
| Erde | | E | |
| Fremdspannungsarme Erde | | TE | |
| Masse | | MM | |
| Äquipotential | | CC | |

## 4.5 Prüfungen elektrischer Anlagen

Zur Prüfung gehören alle Maßnahmen, mit denen festgestellt wird, ob die Ausführung von elektrischen Anlagen mit den Errichtungsvorschriften übereinstimmen.

Prüfen umfaßt:

- **Besichtigen;** dies ist das bewußte Betrachten einer elektrischen Anlage, um den ordnungsgemäßen Zustand festzustellen. Das Besichtigen ist Voraussetzung für das »Erproben« und das »Messen«.
- **Erproben;** es umfaßt die Durchführung von Maßnahmen in elektrischen Anlagen, durch die unter anderem die Wirksamkeit von Schutz- und Meldeeinrichtungen nachgewiesen werden soll, z. B. von Fehlerstrom-Schutzeinrichtungen, Isolations-Überwachungseinrichtungen, Not-Aus-Einrichtungen.
- **Messen;** es ist das Feststellen von Meßwerten mit geeigneten Meßgeräten, die für die Beurteilung der Funktionsfähigkeit und der Wirksamkeit der angewendeten Schutzmaßnahmen erforderlich sind und die durch »Besichtigen« und/oder »Erproben« nicht feststellbar sind.

Gemäß DIN VDE 0100 Teil 600 [23] muß im Rahmen der Erstprüfung vor der erstmaligen Inbetriebnahme einer Starkstromanlage oder auch nach deren Änderung, Instandsetzung oder Erweiterung der Errichter durch Prüfung mit geeigneten Mitteln nachweisen, daß die Festlegungen zum Schutz von Personen, Nutztieren und Sachen erfüllt sind. Detaillierte Prüfgänge bei der Besichtigung, Erprobung und Messung sind [23] und der **Tabelle 4-13** zu entnehmen in Unterteilung der:

- Grundprüfungen für Überstrom-Schutzeinrichtungen nach **Tabelle 4-14** und **Tabelle 4-15,**
- Prüfungen von Schutzmaßnahmen, die von der Netzform unabhängig sind
  - Schutzkleinspannung,
  - Funktionskleinspannung,
  - Schutzisolierung,
  - Schutz durch nichtleitende Räume,
  - Schutztrennung,
- Prüfungen des Haupt- und des zusätzlichen Potentialausgleichs,
- Prüfungen von Schutzmaßnahmen (die von der Netzform abhängig sind)
  - im TN-, TT- und IT-Netz und der
  - Spannungsbegrenzung bei Erdschluß eines Außenleiters in Freileitungsnetzen,
- Prüfungen der Schleifenimpedanz **(Tabelle 4-16),** Prüfung der Drehfeldrichtung von Drehstrom-Steckdosen und Prüfung bei Verwendung von Fehlerstrom-Schutzeinrichtungen sowie
- Messung des Isolationswiderstandes eingesetzter Leiter mit Meßspannungen nach **Tabelle 4-17,**
- Messung des Erdungswiderstandes,
- Messung des Widerstandes von isolierenden Fußböden und isolierenden Wänden nach Tabelle 4-13 und Tabelle 4-17.

**Tabelle 4–13.** Meßaufgabe und Normen für zugehörige Meßgeräte oder Meßanordnungen (Auszug aus DIN VDE 0100 Teil 600)

| Meßaufgabe | Normen |
|---|---|
| Spannung[1] und Strom (allgemein) | IEC 51 (deutsche Norm in Vorbereitung) DIN 43 780 bzw. DIN 43 751 Teil 1 bis Teil 3 |
| Fehlerstrom, Fehlerspannung und Berührungsspannung | DIN VDE 0413 Teil 6 |
| Isolationswiderstand | DIN VDE 0413 Teil 1 |
| Schleifenimpedanz (Schleifenwiderstand) | DIN VDE 0413 Teil 3 |
| Widerstand von Erdungsleitern, Schutzleitern und Potentialausgleichsleitern | DIN VDE 0413 Teil 4 |
| Erdungswiderstand | |
| – Kompensations-Meßverfahren | DIN VDE 0413 Teil 5 |
| – Strom-Spannungs-Meßverfahren | DIN VDE 0413 Teil 3 und Teil 7 |
| Drehfeld | DIN VDE 0413 Teil 9 |
| Widerstand von Fußböden und Wänden gegen Erde mit | |
| – Gleichspannung | DIN VDE 0413 Teil 1 |
| – Wechselspannung | DIN VDE 0413 Teil 5 DIN VDE 0413 Teil 7 oder DIN VDE 43 780 oder DIN VDE 43 751 Teil 1 bis Teil 3 |
| Hochspannungsprüfung[2] | DIN VDE 0432 Teil 2 und Teil 3 |

[1] Hierbei soll der Innenwiderstand 0,7 kΩ/V Meßbereichsendwert nicht unterschreiten und 500 kΩ für Meßbereiche bis 500 V bzw. 1 M Ω für Meßbereiche bis 1000 V Wechselspannung nicht überschreiten. Bei Gleichspannung über 500 bis 1500 V darf der Wert von 1,5 MΩ nicht überschritten werden.

[2] Siehe Erläuterungen.

**Tabellen 4-14/15.** Tabellen mit Prüfwerten zur Beurteilung von Überstrom-Schutzeinrichtungen, Fehlerstrom-Schutzeinrichtungen, Erdungswiderständen, Leiterquerschnitten (Auszug aus DIN VDE 0100 Teil 600)

**Tabelle 4-14.** TN-Netze

Abschaltströme $I_a$ bei Abschaltzeiten 5 s und 0,2 s sowie maximal zulässige Schleifenimpedanzen $Z_S$ für die Nennströme $I_n$ von
- Niederspannungssicherungen[1] der Betriebsklasse gL
- Leitungsschutzschaltern[2] und
- Leistungsschaltern mit einstellbarem Abschaltstrom 5 $I_n$, 10 $I_n$, 15 $I_n$

(Die Zahlenwerte $I_a$ und $Z_S$ sind zur sicheren Seite gerundet.)

| $U_0^{[4]}$ = 220 V | Niederspannungssicherung nach Normen der Reihe DIN VDE 0636 mit Charakteristik gL | | | | $I_a$ und $Z_S$ für Leitungsschutzschalter und Leistungsschalter | | | | | |
|---|---|---|---|---|---|---|---|---|---|---|
| $I_n$ <br> A | $I_a$ (5 s) <br> A | $Z_S$ (5 s) <br> Ω | $I_a$ (0,2 s) <br> A | $Z_S$ (0,2 s) <br> Ω | $5\,I_n^{[3]}$ <br> A | $Z_S$ (≤ 0,2 s) <br> Ω | $10\,I_n^{[3]}$ <br> A | $Z_S$ (≤ 0,2 s) <br> Ω | $15\,I_n^{[3]}$ <br> A | $Z_S$ (≤ 0,2 s) <br> Ω |
| 2 | 9,21 | 23,9 | 20 | 11,0 | 10 | 22,0 | 20 | 11,00 | 30 | 7,30 |
| 4 | 19,2 | 11,5 | 40 | 5,5 | 20 | 11,0 | 40 | 5,50 | 60 | 3,70 |
| 6 | 28 | 7,9 | 60 | 3,7 | 30 | 7,3 | 60 | 3,65 | 90 | 2,40 |
| 10 | 47 | 4,7 | 100 | 2,2 | 50 | 4,4 | 100 | 2,20 | 150 | 1,50 |
| 16 | 72 | 3,1 | 148 | 1,5 | 80 | 2,8 | 160 | 1,40 | 240 | 0,90 |
| 20 | 88 | 2,5 | 191 | 1,2 | 100 | 2,2 | 200 | 1,10 | 300 | 0,70 |
| 25 | 120 | 1,8 | 270 | 0,8 | 125 | 1,8 | 250 | 0,90 | 375 | 0,60 |
| 32 | 156 | 1,4 | 332 | 0,7 | 160 | 1,4 | 320 | 0,70 | 480 | 0,50 |
| 35 | 173 | 1,3 | 367 | 0,6 | 175 | 1,3 | 350 | 0,65 | 525 | 0,40 |
| 40 | 200 | 1,1 | 410 | 0,5 | 200 | 1,1 | 400 | 0,55 | 600 | 0,37 |
| 50 | 260 | 0,8 | 578 | 0,4 | 250 | 0,9 | 500 | 0,45 | 750 | 0,29 |
| 63 | 351 | 0,6 | 750 | 0,3 | 315 | 0,7 | 630 | 0,35 | 945 | 0,23 |

| | | | | | | | | | | |
|---|---|---|---|---|---|---|---|---|---|---|
| 80 | 452 | 0,5 | – | – | – | – | – | – | – | – |
| 100 | 573 | 0,4 | – | – | – | – | – | – | – | – |
| 125 | 751 | 0,3 | – | – | – | – | – | – | – | – |
| 160 | 995 | 0,2 | – | – | – | – | – | – | – | – |

[1] Nach Normen der Reihe DIN VDE 0636

[2] Für Leitungsschutzschalter und Leistungsschalter sind die Werte für $I_a$ als Vielfaches von $I_n$ den jeweiligen Normen oder Herstellerkennlinien zu entnehmen und der Schleifenwiderstand $Z_S$ zu ermitteln.

[3] Für die überschlägige Prüfung können mit hinreichender Genauigkeit verwendet werden:
a) $I_a = 5 I_n$ für – Ls-Schalter nach Normen der Reihe DIN VDE 0641 mit Charakteristik L
b) $I_a = 10 I_n$ für – LS-Schalter nach CEE-Publikation Nr. 19 mit Charakteristik G
   – LS-Schalter nach CEE-Publikation Nr. 19 mit Charakteristik U
   – Leistungsschalter nach DIN VDE 0660 Teil 101 bei entsprechender Einstellung
c) $I_a = 15 I_n$ für – Motorstarter nach DIN VDE 0660 Teil 104
   – Leistungsschalter nach DIN VDE 0660 Teil 101 bei entsprechender Einstellung

[4] $U_0$ Nennspannung gegen geerdeten Leiter

**Tabelle 4-15.** TT-Netz

Abschaltströme $I_a$ bei maximal zulässigen Erdungswiderständen $R_A$ der Körper bei dauernd zulässigen Berührungsspannungen $U_L$ von 50 und 25 V für die Nennströme $I_n$ von
- Niederspannungssicherungen und zugehörigem Abschaltstrom $I_a$ bei einer Abschaltzeit von 5 s
- Leitungsschutzschaltern und
- Leitungsschaltern mit einstellbarem Abschaltstrom $I_a = 5 I_n$, 10 $I_n$, 15 $I_n$

| $U_0^{1)} = 220$ V | Niederspannungssicherungen nach den Normen der Reihe DIN VDE 0636 Betriebsklasse gL | | | Leitungsschutzschalter[2] und Leitungsschalter[2] | | | | | | | | |
| --- | --- | --- | --- | --- | --- | --- | --- | --- | --- | --- | --- | --- |
| $I_n$ A | $I_a$ A | $R_A$ bei $U_L = 50$ V Ω | $R_A$ bei $U_L = 25$ V Ω | $I_a$ $5 \cdot I_n$ A | $R_A$ bei $U_L = 50$ V Ω | $R_A$ bei $U_L = 25$ V Ω | $I_n$ $10 \cdot I_n$ A | $R_A$ bei $U_L = 50$ V Ω | $R_A$ bei $U_L = 25$ V Ω | $I_n$ $15 \cdot I_n$ A | $R_A$ bei $U_L = 50$ V Ω | $R_A$ bei $U_L = 25$ V Ω |
| 2 | 9,2 | 5,40 | 2,70 | 10 | 5,00 | 2,50 | 20 | 2,50 | 1,25 | 30 | 1,70 | 0,83 |
| 4 | 19,2 | 2,60 | 1,30 | 20 | 2,50 | 1,25 | 40 | 1,25 | 0,63 | 60 | 0,83 | 0,41 |
| 6 | 28 | 1,80 | 0,90 | 30 | 1,70 | 0,83 | 60 | 0,83 | 0,41 | 90 | 0,56 | 0,28 |
| 10 | 47 | 1,10 | 0,54 | 50 | 1,00 | 0,50 | 100 | 0,50 | 0,25 | 150 | 0,33 | 0,16 |
| 16 | 72 | 0,69 | 0,36 | 80 | 0,63 | 0,32 | 160 | 0,31 | 0,16 | 240 | 0,21 | 0,10 |
| 20 | 88 | 0,57 | 0,29 | 100 | 0,50 | 0,25 | 200 | 0,25 | 0,13 | 300 | 0,17 | – |
| 25 | 120 | 0,42 | 0,21 | 125 | 0,40 | 0,20 | 250 | 0,20 | 0,10 | 375 | 0,13 | – |
| 32 | 156 | 0,32 | 0,17 | 160 | 0,31 | 0,16 | 320 | 0,16 | – | 480 | 0,10 | – |
| 35 | 173 | 0,29 | 0,14 | 175 | 0,29 | 0,14 | 350 | 0,14 | – | 525 | 0,09 | – |

1) $U_0$ Nennspannung gegen Erde
2) Für die überschlägige Prüfung können mit hinreichender Genauigkeit verwendet werden:
  a) $I_a = 5 I_n$ für – LS-Schalter nach Normen der Reihe DIN VDE 0641 mit Charakteristik L
  – LS-Schalter nach CEE-Publikation Nr. 19 mit Charakteristik G
  b) $I_a = 10 I_n$ für – LS-Schalter nach CEE-Publikation Nr. 19 mit Charakteristik U
  – Leitungsschutzschalter nach DIN VDE 0660 Teil 101 bei entsprechender Einstellung
  c) $I_a = 15 I_n$ für – Motorstarter nach DIN VDE 0660 Teil 104
  – Leitungsschutzschalter nach DIN VDE 0660 Teil 101 bei entsprechender Einstellung

**Tabelle 4–16.** Leiterwiderstand $R'$ für Kupferleitungen bei 30 °C in Abhängigkeit vom Leiterquerschnitt $S$ zur überschlägigen Berechnung von Leiterwiderständen[1] (Auszug aus DIN VDE 0 100 Teil 600)

| Leiterquerschnitt $S$ mm$^2$ | Leiterwiderstände $R'$ 30 °C mΩ/m |
|---|---|
| 1,5 | 12,5755 |
| 2,5 | 7,5661 |
| 4 | 4,7392 |
| 6 | 3,1491 |
| 10 | 1,8811 |
| 16 | 1,1858 |
| 25 | 0,7525 |
| 35 | 0,5467 |
| 50 | 0,4043 |
| 70 | 0,2817 |
| 95 | 0,2047 |
| 120 | 0,1632 |
| 150 | 0,1341 |
| 185 | 0,1091 |

Die Leiterwiderstandsbeläge für $S = 1,5$ mm$^2$ und $S = 2,5$ mm$^2$ sind aus „Kabel und Leitungen für Starkstrom" von Lothar Heinhold (Herausgeber und Verlag: Siemens AG Berlin und München) entnommen.
Die Leiterwiderstandsbeläge für Querschnitte $S \geq 4$ mm$^2$ sind aus DIN VDE 0102 Teil 2/ 11.75, Tabelle 10 entnommen und auf 30 °C hochgerechnet worden.
Für andere Temperaturen $\Theta_x$ lassen sich die Leiterwiderstände $R_{\Theta x}$ mit folgender Gleichung berechnen:

$$R_{\Theta x} = R_{30\,°C} \left[ 1 + \alpha \cdot (\Theta_x - 30\,°C) \right]$$

$\alpha$ = Temperaturkoeffizient
(bei Kupfer $\alpha = 0,00393$ K[1])

[1] Bei der Ermittlung der zulässigen Leiterlängen für den Schutz bei indirektem Berühren und Schutz bei Kurzschluß genügen diese Angaben nicht, da weitere Parameter zu beachten sind.

**Tabelle 4–17.** Meßspannung und Isolationswiderstand (Auszug aus DIN VDE 0100 Teil 600)

| Stromkreis | Meßgleich-spannung V | Mindestwert des Isolations-widerstandes MΩ |
|---|---|---|
| Schutzkleinspannungsstromkreis, Funktionskleinspannungsstromkreis mit sicherer Trennung | 250 | ≥ 0,25 |
| Nennspannung ≤ 500 V, soweit es sich nicht um Schutzkleinspannungsstromkreise oder Funktionskleinspannungsstromkreise mit sicherer Trennung handelt | 500 | ≥ 0,5 |
| Nennspannung > 500 V | 1000 | ≥ 1,0 |

[1] Für Schleifleitungen oder Schleifringkörper, die unter ungünstigen Umgebungsbedingungen betrieben werden müssen, z. B. Krananlagen im Freien, Kokereien, Gießereien, Sinteranlagen, brauchen die in dieser Tabelle festgelegten Werte nicht eingehalten zu werden, wenn durch andere Maßnahmen, z. B. Erdung der fremden leitfähigen Befestigungsteile der Schleifleitung, Fernhalten brennbarer Stoffe von Schleifleitungen, dafür gesorgt ist, daß der Ableitstrom nicht zu gefährlichen Körperströmen oder Bränden führt.

## 4.6 Anlagen in Wohngebäuden

Bei der Planung von elektrischen Anlagen für Wohngebäude müssen festgelegt werden, welche Arten der Elektro-Installation und deren Anschlußbedingungen an das Niederspannungsnetz (TAB) notwendig sind, welcher Standort, welcher Anschlußwert und welche Betriebsweise der einzusetzenden Geräte einzuhalten sind sowie die in den einzelnen Räumen herrschenden Umgebungsverhältnisse zu berücksichtigen sind.

Die sichere Ausführung der Elektro-Installation und der Einsatz der Elektro-Geräte und Betriebsmittel (Kabel, Leitungen, Schutzeinrichtungen, Steckdosen, Schalter usw.) setzen die Einhaltung der bereits beschriebenen Teile der DIN-VDE-Bestimmungen 0100 und spezieller DIN-Normen für Wohngebäude voraus.

Dazu gehören:

– DIN 18 015 Teile 1 bis 3 [24 bis 26] für die Planung, Ausstattung und der Einsatz von Betriebsmitteln für elektrische Anlagen in Wohngebäuden,
– DIN 18 022 [27] für die Planung und Ausstattung von Hausarbeitsräumen,
– DIN 5035 Teile 1, 2 und 5 [28 bis 30] für die Innenraumbeleuchtung mit künstlichem Licht,
– DIN 18 013 [31] über Anforderungen an Nischen für Zählerplätze,
– DIN 18 382 [32] über Bauleistungen für elektrische Kabel- und Leitungsanlagen.

Nach DIN 18 015 Teil 1 sind Leitungen und Kabel von Starkstromanlagen in Wohngebäuden wegen der Ansichtsgüte grundsätzlich in Putz, unter Putz, in Wänden oder hinter Wandverkleidungen zu verlegen. In Räumen, die nicht zu Wohnzwecken dienen, dürfen diese auch auf der Wandoberfläche, z. B. in Rohren oder Installationskanälen, verlegt werden.

Hauptleitungen sind als Drehstromleitungen auszuführen. Die Leiterquerschnitte sind so auszuwählen, daß sie mindestens mit 63 A belastbar sind. In Gebäuden mit mehreren Wohnungen sind die Leiterquerschnitte auf der Grundlage der Kurven des **Bildes 4-17** zu ermitteln.

Der zulässige Spannungsabfall in den Leitungen der elektrischen Anlage hinter der Meßeinrichtung soll 3 % nicht überschreiten. Für die Berechnung des Spannungsabfalls ist der Nennstrom der vorgeschalteten Überstromschutzeinrichtung zugrunde zu legen.

In der Regel sollen in den Wohnungen die Stromkreisverteiler mit den erforderlichen Überstrom- bzw. FI-Schutzeinrichtungen mit entsprechender Reserve in der Nähe des Belastungsschwerpunktes, oft im Flur, vorgesehen werden. Die Leitung vom Zählerplatz zum Stromkreisverteiler ist als Drehstromleitung mit mindestens 10 mm² Cu-Querschnitt auszulegen.

Als Überstromschutzeinrichtungen für Licht und Steckdosenstromkreise sollen Leitungsschutzschalter verwendet werden.

Die Art und der erforderliche Umfang der Ausstattung der Starkstromanlagen in Wohngebäuden nach DIN 18 015 Teil 2 mit Steckdosen, Auslässen für die Beleuchtung und weiteren Anschlüssen sind für Wohn- und andere Räume **Tabelle 4-18** und **Tabelle 4-19** zu entnehmen.

**Tabelle 4–18.** Elektroinstallation in Wohnungen (Auszug aus DIN 18 015 Teil 2)

| Wohnfläche der Wohnung m² | Anzahl der Stromkreise für Steckdosen und Beleuchtung |
|---|---|
| bis   50 | 2 |
| über   50 bis   75 | 3 |
| über   75 bis 100 | 4 |
| über 100 bis 125 | 5 |
| über 125 | 6 |

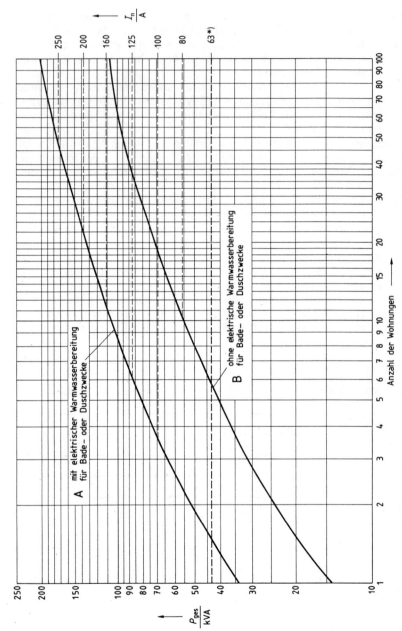

**Bild 4–17.** Effektive Leistungen zur Bemessung von Hauptleitungen für Wohnungen ohne Elektroheizung, Nennspannung 230/400 V (Auszug aus DIN 18 015)

*) Mindestabsicherung zur Sicherstellung der Selektivität bei Schmelzsicherungen

**Tabelle 4–19.** Elektro-Installation in den einzelnen Räumen von Wohnungen (Auszug aus DIN 18 015)

| Nr. | Art des Verbrauchsmittels | Steckdosen[1] | Anzahl der Auslässe | Anschlüsse für Verbrauchsmittel ab 2 kW |
|---|---|---|---|---|
| | **Wohn- oder Schlafraum** | | | |
| 1 | Steckdosen[2], Beleuchtung bei Wohnfläche  bis  8 m² | 2 | 1 | |
| 2 | über  8 bis 12 m² | 3 | 1 | |
| 3 | über 12 bis 20 m² | 4 | 1 | |
| 4 | über 20 m² | 5 | 2 | |
| | **Küche, Kochnische** | | | |
| 5 | Steckdosen, Beleuchtung für Kochnischen | 3 | 2[3] | |
| 6 | für Küchen | 5 | 2[3] | |
| 7 | Lüfter/Dunstabzug | | 1[4] | |
| 8 | Herd | | | 1 |
| 9 | Kühl-/Gefriergerät | 1 | | |
| 10 | Geschirrspülmaschine | | | 1 |
| 11 | Warmwassergerät | | | 1[5] |
| | **Bad** | | | |
| 12 | Steckdosen, Beleuchtung | 2[6] | 2[7] | |
| 13 | Lüfter | | 1[4] [8] | |
| 14 | Waschmaschine[9] | | | 1[10] |
| 15 | Heizgerät | 1 | | |
| 16 | Warmwassergerät | | | 1[5] |
| | **WC-Raum** | | | |
| 17 | Steckdosen, Beleuchtung | 1[11] | 1 | |
| 18 | Lüfter | | 1[4] [8] | |
| | **Hausarbeitsraum** | | | |
| 19 | Steckdosen, Beleuchtung | 3 | 1[3] | |
| 20 | Lüfter | | 1[4] | |
| 21 | Waschmaschine | | | 1[12] |
| 22 | Wäschetrockner | | | 1[12] |
| 23 | Bügelmaschine | | | 1 |
| | **Flur** | | | |
| 24 | Steckdosen, Beleuchtung bei Flurlänge  bis 2,5 m | 1 | 1[13] | |
| 25 | über 2,5 m | 1 | 1[14] | |

**Tabelle 4–19.** (Fortsetzung)

| Nr | Art des Verbrauchsmittels | Steckdosen[1] | Anzahl der Auslässe | Anschlüsse für Verbrauchsmittel ab 2 kW |
|---|---|---|---|---|
| | Freisitz | | | |
| 26 | Steckdosen, Beleuchtung | 1 | 1[15] | |
| | Abstellraum ab 3 m² | | | |
| 27 | Beleuchtung | | 1 | |
| | Hobbyraum | | | |
| 28 | Steckdosen, Beleuchtung | 3 | 1 | |
| | Zur Wohnung gehörender Keller-, Bodenraum[16] | | | |
| 29 | Steckdosen, Beleuchtung | 1 | 1 | |
| | Gemeinschaftlich genutzter Keller-, Bodenraum | | | |
| 30 31 | Steckdosen, Beleuchtung bei Nutzfläche    bis 20 m²    über 20 m² | 1[17] 1[17] | 1 2 | |
| | Keller-, Bodengang | | | |
| 32 | Beleuchtung | | 1[18] | |

[1] Bzw. Anschlußdosen für Verbrauchsmittel unter 2 kW.
[2] Die den Betten zugeordneten Steckdosen sind mindestens als Doppelsteckdosen, die neben Antennensteckdosen angeordneten Steckdosen sind als Dreifachsteckdosen vorzusehen. Diese Mehrfachsteckdosen gelten nach der Tabelle als jeweils eine Steckdose.
[3] Die Arbeitsflächen sollen möglichst schattenfrei beleuchtet werden.
[4] Sofern eine Einzellüftung vorzusehen ist.
[5] Sofern die Warmwasserversorgung nicht auf eine andere Weise erfolgt.
[6] Davon eine in Kombination mit Waschtischleuchte zulässig.
[7] Bei Bädern bis 4 m² Nutzfläche genügt ein Auslaß über dem Waschtisch.
[8] Bei fensterlosen Bädern oder WC-Räumen ist die Schaltung über die Allgemeinbeleuchtung mit Nachlauf vorzusehen.
[9] In einer Wohnung nur einmal erforderlich.
[10] Sofern kein Hausarbeitsraum vorhanden ist oder falls die Geräte nicht in einem anderen geeigneten Raum untergebracht werden können.
[11] Für WC-Räume mit Waschtischen.
[12] Sofern nicht im Bad oder einem anderen geeigneten Raum vorgesehen.
[13] Von einer Stelle schaltbar.
[14] Von zwei Stellen schaltbar.
[15] Ab 8 m² Nutzfläche.
[16] Gilt nicht für Keller- und Bodenräume, die durch gitterartige Abtrennungen, z.B. Maschendraht, gebildet werden.
[17] Für Antennenverstärker, je Antennenanlage nur einmal erforderlich.
[18] Bei Gängen über 6 m Länge ein Auslaß je angefangener 6 m Ganglänge.

# 4.7 Auswahl und Errichtung spezieller Anlagen

Festlegungen zur Auswahl und Errichtung spezieller elektrischer Anlagen und Geräte sind folgenden Teilen der Norm DIN VDE 0100 zu entnehmen. Dazu gehören:

- **Teil 701**
  für Räume mit Badewanne oder Dusche mit Aussagen zu den notwendigen Schutzmaßnahmen sowie der Auswahl und Errichtung elektrischer Betriebsmittel (Kabel, Leitungen, Schalter, Steckdosen usw.). Notwendige Schutzarten für elektrische Betriebsmittel **Tabelle 4-20** und ein Beispiel für eine Bereichseinteilung bei Räumen mit Badewanne ist aus dem **Bild 4-18** zu ersehen.

**Tabelle 4–20.** IP-Schutzarten für elektrische Betriebsmittel
(Auszug auf DIN VDE 0100 Teil 101)

| Bereich | IP-Schutzarten nach DIN 40 050 für elektrische Betriebsmittel | |
|---|---|---|
| | Bäder, in denen sich häufig Nässe infolge Betauung bildet, z. B. in öffentlichen Bädern und Bädern in Sportanlagen | Bäder, in denen sich nur selten Nässe infolge Betauung bildet, z. B. Bäder im Wohnbereich |
| 0 | IP X7 | IP X7 |
| 1 | IP X5 | IP X4, IP X5[*] |
| 2 | IP X5 | IP X4 |
| 3 | IP X5 | IP X1[**] |

[*] Die Schutzart IP X5 muß gewählt werden, wenn mit dem Auftreten von Strahlwasser zu rechnen ist, z. B. bei Massage-Duschen.
[**] Für Leuchten genügt IP X0.

- **Teil 703**
  für Sauna-Anlagen mit den besonderen festgelegten Schutzmaßnahmen Schutzkleinspannung oder Fehlerstromschutzeinrichtungen ($I_{\Delta N} \leq 30\,\text{mA}$) sowie einen erhöhten Brandschutz und eine besondere Auswahl der Betriebsmittel.
- **Teil 704**
  für Baustellen mit Angaben zu Speisepunkten, anzuwendenden Schutzmaßnahmen sowie besondere Auswahl von Betriebsmitteln.
- **Teil 705**
  für landwirtschaftliche Betriebsstätten mit Angaben über die anzuwendenden Schutzmaßnahmen, zum Überstromschutz von Kabeln und Leitungen, zum Schutz durch Freischalten und zu Anforderungen für eine Intensiv-Tierhaltung. Ein Beispiel eines Potentialausgleichs in landwirtschaftlichen Betriebsstätten siehe **Bild 4-19**.

Maße in m

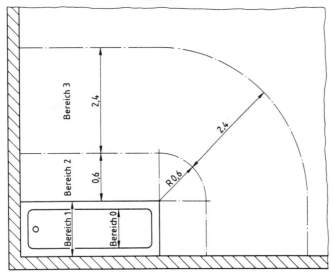

**Bild 4–18.** Beispiel der Bereichseinteilung bei Räumen mit Badewanne (Auszug aus DIN VDE 0100 Teil 701)

- **Teil 720**
  für feuergefährdete Betriebsstätten mit Aussagen zum Verhüten von Bränden infolge von Isolationsfehlern, zu Schutzeinrichtungen, zu Kabeln, zu Leitungen und zur Auswahl bzw. Errichtung. Hierbei sind die Schutzarten der Betriebsmittel nach der Art der Feuergefährdung nach **Tabelle 4-21** auszuwählen.

- **Teil 722**
  für fliegende Bauten, Wagen und Wohnwagen nach Schaustellerart mit Angaben zu den Speisepunkten, Stromkreisverteilern, Kabeln, Leitungen und Strom-schienen, Beleuchtungsanlagen, Transformatoren, Schaltgeräten, Maschinen und Fahrgastwagen sowie zu den Bedingungen für den Anschluß von Anlagen mit Großtieren.

- **Teil 724**
  für elektrische Anlagen in Möbeln.

- **Teil 726**
  für Hebezeuge mit Festlegungen
  - zu Schleifleitungen und Schleifringkörpern,
  - zu flexiblen und ortsfesten Leitungen und Kabeln,
  - zum Trennen und Schalten und zu Not-Schalteinrichtungen,
  - zu Gängen in Schalt- und Verteilungsanlagen,
  - zum Aufbau der Schaltungen und Steuerungen,
  - zu Hebezeugen auf Baustellen.

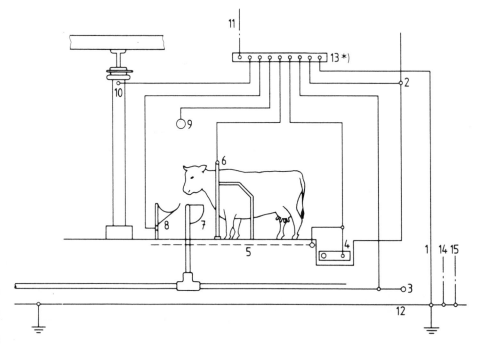

**Bild 4–19.** Beispiel eines Potentialausgleichs in landwirtschaftlichen Betriebsstätten (Auszug aus DIN VDE 0100 Teil 705)

| | |
|---|---|
| 1 Erdungsleitung | 9 Melkanlage |
| 2 Blech-, Folienwände | 10 .Stahlkonstruktion |
| 3 Wasserleitung | 11 Schutzleiter (PE) |
| 4 Entmistung | 12 Fundamenterder, Erder, sonstige Erdung |
| 5 Potentialsteuerung, z. B. Baustahlmatte | 13 Potentialausgleichsschiene |
| 6 Anbindevorrichtung | 14 Blitzschutzerdung |
| 7 Selbsttränke | 15 Weidezaunerdung |
| 8 Futteranlage | |

**Tabelle 4–21.** Schutzarten der Betriebsmittel nach der Art der Feuergefährdung (Auszug aus DIN VDE 0100 Teil 720)

| Betriebsmittel | IP-Schutzart | | Ergänzende Anforderungen |
|---|---|---|---|
| | Feuergefährdete Betriebsstätte | | |
| | Feuergefährdung durch Staub oder/ und Fasern | Feuergefährdung durch andere leichtentzündliche feste Stoffe als Staub oder/und Fasern | |
| Installationsschalter | IP 5X | IP 4X | |
| Steckvorrichtungen | IP 5X | IP 4X | abgedeckte Ausführung |
| Schaltanlagen | IP 5X | IP 4X | |
| Verteiler | IP 5X | IP 4X | |
| Anlasser | IP 5X | IP 4X | |
| Transformatoren | IP 5X | IP 4X | |
| Maschinen[1] (Motoren, Generatoren) | IP 5X | IP 4X | |
| Maschinen[1] mit Käfigläufer | IP 4X zugehöriger Klemmkasten IP 5X | IP 4X | |
| Schaltgeräte (Ausschalter, Motorschutzschalter) | IP 5X | IP 4X | |
| Stromschienen- systeme nach DIN 57 100 Teil 733/ VDE 0100 Teil 733 | IP 5X | IP 4X | |
| Handleuchten | IP 5X | IP 4X | |
| Leuchten | IP 5X | IP 4X | siehe Abschnitte 6.2.2, 6.2.3 und 6.2.4 DIN VDE 0100 Teil 720 |
| Elektrowärmegeräte[2] | IP 5X | IP 2X | |

[1] Ausgenommen handgeführte Elektrowerkzeuge nach Normen der Reihe DIN 57 740/VDE 0740.
[2] Vom Hersteller angegebene einzuhaltende Abstände zu brennbaren Stoffen sind zu beachten.

- **Teil 728**

für Ersatzstromversorgungsanlagen mit Angaben zum Schutz gegen gefährliche Körperströme, zu verwenden Betriebsmittel (Leitungen, Ersatzstromversorgungen) und zu Anschaltbedingungen und zur Aufstellung innerhalb von Gebäuden.

- **Teil 729**

für das Aufstellen und Anschließen von Schaltanlagen und Verteilern mit Aussagen über den Transport, zur Aufstellung, zum Anschluß, zur Kennzeichnung und zur Prüfung der Anlagen. Zulässige Gänge für Niederspannungs-Schaltanlagen siehe **Bild 4-20** bis **Bild 4-23**.

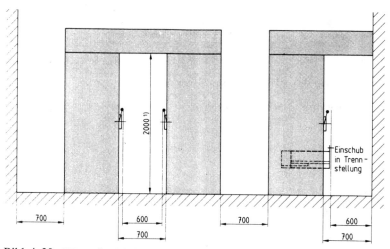

Bild 4–20. Gänge für Niederspannungs-Schaltanlagen mit der Schutzart $\geq$ IP 2X nach DIN 40 050 (Auszug aus DIN VDE 0100 Teil 729)

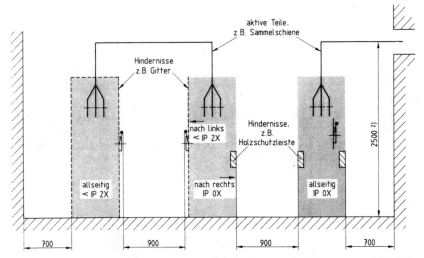

**Bild 4–21.** Gänge für Niederspannungs-Schaltanlagen mit Schutzarten < IP 2X nach DIN 40 050 (Auszug aus DIN VDE 0100 Teil 729)

---

[1] Mindestdurchgangshöhe unter Abdeckungen oder Umhüllungen.
[2] Mindestdurchgangshöhe unter blanken aktiven Tilen.

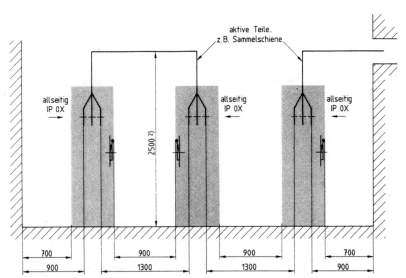

**Bild 4–22.** Gänge für Niederspannungs-Schaltanlagen ohne jeglichen Schutz gegen direktes Berühren (Auszug aus DIN VDE 0100 Teil 729)

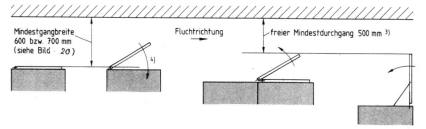

Mindestgangbreite 600 bzw. 700 mm (siehe Bild · 20 )

Fluchtrichtung

freier Mindestdurchgang 500 mm [3]

4)

**Bild 4–23.** Reduzierte Gangbreiten im Bereich offener Türen (Auszug aus DIN VDE 0100 Teil 729)

---

[2] Mindestdurchgangshöhe unter blanken aktiven Teilen.
[3] Bei gegenüberliegenden Schaltanlagenfronten wird nur auf einer Seite mit Einengung durch offene Türen (d. h. mit Türen, die nicht in Fluchtrichtung zuschlagen) gerechnet.
[4] Türbreiten beachten, d. h., Tür muß sich mindestens 90° öffnen lassen.

– **Teil 730**
  für das Verlegen von Leitungen in Hohlwänden und in Gebäuden aus vorwiegend brennbaren Baustoffen nach DIN 4102.

– **Teil 731**
  für elektrische Betriebsstätten und abgeschlossene elektrische Betriebsstätten.

– **Teil 737**
  für feuchte und nasse Bereiche und Räume sowie Anlagen im Freien mit Angaben über notwendige Schutzarten nach DIN 40 050 für eingesetzte Betriebsmittel sowie über den Einsatz von Fehler-Stromschutzeinrichtungen ($I_{\Delta N} \leq 30\,\text{mA}$) für Steckdosen bis 32 A Nennstrom.

– **Teil 739**
  über einen zusätzlichen Schutz bei direktem Berühren in Wohnungen durch Einsatz von Schutzeinrichtungen mit einem Nennfehlerstrom/Nenndifferenzstrom ($I_{\Delta N} \leq 30\,\text{mA}$) für spezielle Anwendungsfälle, z. B. handgeführte elektrische Betriebsmittel, alte Anlagen, in denen bisher kein Schutz erforderlich war.

Bild 4–25 (caption, largely illegible)

# 5 Kabel und isolierte Leitungen bis 1000 V

## 5.1 Allgemeine Grundsätze zur Auswahl und Errichtung

Die Verteilung und Versorgung der Geräte und Anlagen mit elektrischer Energie und zur Informationsversorgung wird mit Hilfe von Kabeln und isolierten Leitungen vorgenommen. Kabel und Leitungen sowie das Zubehör einschließlich Befestigungsmaterial müssen nach DIN VDE 0298 Teil 1 [34] und DIN VDE 0100 Teil 520 [17] so ausgewählt, angeordnet und befestigt werden, daß die im Betrieb zu erwartenden elektrischen Beanspruchungen einschließlich Überlastungs- und Kurzschlußfall Personen und Anlagen sowie die Umgebung nicht gefährden. Sie und das erforderliche Zubehör müssen durch Bauart, Lage oder Verkleidung vor mechanischer, thermischer und chemischer Beschädigung geschützt sein. An besonders gefährdeten Stellen ist für einen zusätzlichen Schutz, z. B. durch übergeschobene Kunststoff- bzw. Metallrohre oder durch Verkleidungen zu sorgen, der sicher befestigt sein muß. Für eine Verlegung unmittelbar ins Erdreich sind stets Kabel zu verwenden.

In den Bereichen, wo Gas-, Wasser-, Dampfleitungen ebenfalls in der Nähe von Kabeln und Leitungen verlegt sind, z. B. in Hohlräumen und Schächten, dürfen sich diese nicht gegenseitig störend beeinflussen können. Besteht infolge von Vibrationen die Gefahr des Leitungsbruchs, sind flexible Leitungen mit feindrähtigen Leitungen zu verwenden.

Die Mindest-Querschnitte für Leiter von Kabeln und Leitungen sind entsprechend den elektrischen Bedingungen (Strombelastbarkeit, Spannungsabfall, Impedanz, Kurzschlußstromfestigkeit), den zu erwartenden mechanischen Beanspruchungen, der Art der gewählten Verbindungen und den sonstigen betrieblichen Erfordernissen festzulegen.

Zulässige Mindest-Querschnitte für Leiter von Kabeln und Leitungen in allgemeiner Form als Richtwerte sind nach DIN VDE 0100 Teil 520 [17] **Tabelle 5-1** auszuwählen. Die in der Praxis für die Planung noch häufig angewendeten Richtwerte für die Strombelastbarkeit isolierter Leitungen und nicht im Erdreich verlegte Kabel sind gemäß ehemaliger DIN VDE 0100 Teil 523 aus der **Tabelle 5-2** zu ersehen.

**Tabelle 5-1.** Mindest-Leiterquerschnitt für Leitungen (Auszug aus DIN VDE 0100 Teil 520)

| Verlegungsart | Mindestquerschnitt in mm² bei Cu | bei Al |
|---|---|---|
| feste, geschützte Verlegung | 1,5 | 2,5 |
| Leitungen in Schaltanlagen und Verteilern bei Stromstärken bis 2,5 A über 2,5 A bis 16 A über 16 A | 0,5 0,75 1,0 | – |
| offene Verlegung (auf Isolatoren) Abstand der Befestigungspunkte bis 20 m über 20 bis 45 m | 4 6 | 16 16 (mehrdrähtig) |
| bewegliche Leitungen für den Anschluß von | | |
| leichten Handgeräten bis 1 A Stromaufnahme und einer größten Länge der Anschlußleitung von 2 m, wenn dies in den entsprechenden Gerätebestimmungen festgelegt ist | 0,1 | |
| Geräten bis 2,5 A Stromaufnahme und einer größten Länge der Anschlußleitung von 2 m, wenn dies in den entsprechenden Gerätebestimmungen festgelegt ist | 0,5 | – |
| Geräten bis 10 A Stromaufnahme, für Gerätesteck- und Kupplungsdosen bis 10 A Nennstrom | 0,75 | |
| Geräten über 10 A Stromaufnahme, Mehrfachsteck-dosen, Gerätesteckdosen und Kupplungsdosen mit mehr als 10 A bis 16 A Nennstrom | 1,0 | |
| Fassungsadern | 0,75 | – |
| Lichtketten für Innenräume zwischen Lichtkette und Stecker zwischen den einzelnen Lampen | 0,75 0,50 | siehe VDE 0710 Teil 3 |
| Starkstrom-Freileitungen | siehe VDE 0211 | |

**Tabelle 5-2.** Strombelastbarkeit $I_z$ isolierter Leitungen und nicht im Erdreich verlegter Kabel bei Umgebungstemperaturen von 30 °C

| Nennquer-schnitt mm² | Gruppe 1 Cu A | Al A | Gruppe 2 Cu A | Al A | Gruppe 3 Cu A | Al A |
|---|---|---|---|---|---|---|
| 0,75 | – | – | 12 | – | 15 | – |
| 1 | 11 | – | 15 | – | 19 | – |
| 1,5 | 15 | – | 18 | – | 24 | – |
| 2,5 | 20 | 15 | 26 | 20 | 32 | 26 |
| 4 | 25 | 20 | 34 | 27 | 42 | 33 |
| 6 | 33 | 26 | 44 | 35 | 54 | 42 |
| 10 | 45 | 36 | 61 | 48 | 73 | 57 |
| 16 | 61 | 48 | 82 | 64 | 98 | 77 |
| 25 | 83 | 65 | 108 | 85 | 129 | 103 |
| 35 | 103 | 81 | 135 | 105 | 158 | 124 |
| 50 | 132 | 103 | 168 | 132 | 198 | 155 |
| 70 | 165 | – | 207 | 163 | 245 | 193 |
| 95 | 197 | – | 250 | 197 | 292 | 230 |
| 120 | 235 | – | 292 | 230 | 344 | 268 |
| 150 | – | – | 335 | 263 | 391 | 310 |
| 185 | – | – | 382 | 301 | 448 | 353 |
| 240 | – | – | 453 | 357 | 528 | 414 |
| 300 | – | – | 504 | 409 | 608 | 479 |
| 400 | – | – | – | – | 726 | 569 |
| 500 | – | – | – | – | 830 | 649 |

Eine international abgestimmte Fassung ist in Vorbereitung (siehe z. B. VDE 0100 h/ ...70).

## 5.2 Typen und Typzeichen der Starkstromkabel und isolierten Leitungen

Die Gruppe 2 des VDE-Vorschriftenwerkes enthält alle genormten Starkstromkabel und -leitungen. So gelten in der Regel die Normen:

- DIN VDE 0255 für Kabel mit massegetränkter Papierisolierung und Metall-mantel,
- DIN VDE 0256 für Niederdruck-Ölkabel und ihre Garnituren,
- DIN VDE 0257 für Gasaußendruckkabel in Stahlrohr und ihre Garnituren, und
  DIN VDE 0258
- DIN VDE 0265 für Kabel mit Kunststoffisolierung und Bleimantel,
- DIN VDE 0271 für Kabel mit Isolierung und Mantel aus thermoplastischem PVC,

- DIN VDE 0272 für Kabel mit Isolierung aus vernetztem Polyäthylen und Mantel aus thermoplastischem PVC,
- DIN VDE 0273 für Kabel aus vernetztem Polyäthylen,
- DIN VDE 0274 für isolierte Freileitungsseile mit Isolierung,
- DIN VDE 0250 Teil 1 bis 818 für alle isolierten Starkstromleitungen,
- DIN VDE 0281 Teil 1 bis 404 für alle PVC-isolierten Starkstromleitungen,
- DIN VDE 0282 Teil 1 bis 817 für alle gummi-isolierten Starkstromleitungen,
- DIN VDE 0284 für mineralisolierte Leitungen.

Die zur Zeit gefertigten und auf dem Markt angebotenen Kabel und Leitungstypen sind aus der VDE-Schriftenreihe Band 29 [35] zu ersehen.
Die Typ-Kennzeichnung von Starkstromkabeln und -leitungen sind ebenfalls in obengenannten Normen festgelegt. Folgende Hinweise sollten bei der Auswahl und Anwendung beachtet werden:

## 5.2.1 Starkstromleitungen nach DIN VDE 0250

Zur vollständigen Bezeichnung ist hinter dem Buchstabenkurzzeichen bei einadrigen Leitungen die Angaben des Nennquerschnittes in mm$^2$, bei mehradrigen Leitungen die Angabe von Aderzahl mal Nennquerschnitt in mm$^2$, falls erforderlich, die Abkürzung für eindrähtige Leitungen »e« oder mehrdrähtige Leiter »m« zu setzen, z. B. NYA 16 e, NYA 16 m.

Bei Leitungen mit grün-gelb gekennzeichneter Ader wird dem üblichen Buchstabenkurzzeichen nach einem Bindestrich der Buchstabe »J« und bei Leitungen ohne grün-gelb gekennzeichnete Ader der Buchstabe »O« hinzugefügt, z. B. mit grün-gelb gekennzeichneter Ader: NYRUZY-J 5 x 10;
mit grün-gelb gekennzeichneter Ader mit halbem Außenleiterquerschnitt: NSHÖU-J 3 x 50/25;
ohne grün-gelb gekennzeichneter Ader: NYBUY-O 2 x 1,5.
Wird eine Leitungsart für verschiedene Spannungen hergestellt, so ist außerdem die Nennspannung in kV anzugeben, z. B. NYHSSY 3 x 25 + 3 x 16/3 E 6kV.
Bei Leitungen, die in mehreren Ausführungen vorkommen, ist die Ausführungsart rund »rd« oder flach »fl« hinter das Buchstabenkurzzeichen zu setzen, z. B. N2GSA rd 3 x 0,75.

## 5.2.2 Starkstromleitungen nach DIN VDE 0281 und DIN VDE 0282

Die in Europa harmonisierten Starkstromleitungen werden entsprechend dem »System für Typ-Kurzzeichen für harmonisierte Starkstromleitungen« nach **Bild 5-1** gekennzeichnet.

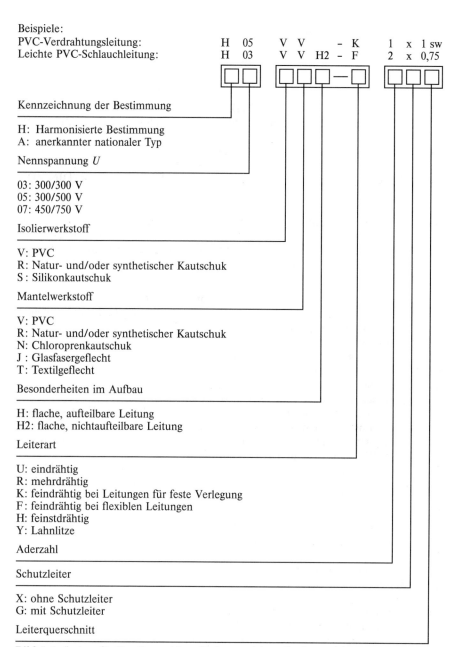

Beispiele:
PVC-Verdrahtungsleitung:    H   05   V   V       – K   1   x   1 sw
Leichte PVC-Schlauchleitung: H  03   V   V  H2  – F   2   x   0,75

Kennzeichnung der Bestimmung

H: Harmonisierte Bestimmung
A: anerkannter nationaler Typ

Nennspannung $U$

03: 300/300 V
05: 300/500 V
07: 450/750 V

Isolierwerkstoff

V: PVC
R: Natur- und/oder synthetischer Kautschuk
S : Silikonkautschuk

Mantelwerkstoff

V: PVC
R: Natur- und/oder synthetischer Kautschuk
N: Chloroprenkautschuk
J : Glasfasergeflecht
T: Textilgeflecht

Besonderheiten im Aufbau

H: flache, aufteilbare Leitung
H2: flache, nichtaufteilbare Leitung

Leiterart

U: eindrähtig
R: mehrdrähtig
K: feindrähtig bei Leitungen für feste Verlegung
F : feindrähtig bei flexiblen Leitungen
H: feinstdrähtig
Y: Lahnlitze

Aderzahl

Schutzleiter

X: ohne Schutzleiter
G: mit Schutzleiter

Leiterquerschnitt

**Bild 5–1.** System für Typ-Kurzzeichen für harmonisierte Starkstromleitungen

## 5.2.3 Starkstromkabel mit getränkten Papierisolierungen

Anfangsbuchstaben im Typ-Kurzzeichen:

| | |
|---|---|
| NK... (NAK..., NEK...) | für Starkstromkabel mit getränkter Papierisolierung und Bleimantel (DIN VDE 0255), |
| NKL... (NAKL..., NEKL...) | für Starkstromkabel mit getränkter Papierisolierung und glattem Aluminiummantel (DIN VDE 0255), |
| NI... (NIA...) | für Gasinnendruckkabel (DIN VDE 0258), |
| NÖ... (NÖA...) | für Niederdruck-Ölkabel (DIN VDE 0256) |
| NP... (NPA...) | für Gasaußendruckkabel im Stahlrohr (DIN VDE 0257). |

Nach den oben aufgeführten Anfangsbuchstaben folgen in der Reihenfolge vom Leiter her aufbauend die einzelnen Kennbuchstaben, die wesentliche Aufbauelemente kennzeichnen, wobei für den Leiter aus Kupfer, für die getränkte Papierisolierung und für innere Schutzhüllen keine eigenen Kennbuchstaben bestehen.

| | |
|---|---|
| A | Leiter aus Aluminium, |
| H | Schirmung beim Höchstädter-Kabel (nur DIN VDE 0255), |
| E | einzeln mit Metallmantel und Korrosionsschutz umgebene und verseilte Adern (Mehrmantelkabel) (nur DIN VDE 0255), |
| K | Bleimantel, |
| KL | gepreßter, glatter Aluminiummantel, |
| KLD | gepreßter Aluminiummantel mit Dehnungselementen, |
| u | unmagnetisch (nur DIN VDE 0256), |
| D | Druckschutzbandage (nur DIN VDE 0256), |
| E | Schutzhülle mit eingebetteter Schicht (z. B. Bewicklung) aus Elastomerband oder Kunststoffolien (nicht DIN VDE 0257), |
| D | unmagnetische Druckschutzbandage (nur DIN VDE 0257) verseilte Kabel (nur DIN VDE 0257 und DIN VDE 0258) |
| F | Bewehrung aus Stahlflachdraht mit Gegen- oder Haltewendel aus Metallband, die vor dem Einziehen eines Kabels in ein Stahlrohr entfernt wird (nur DIN VDE 0257 und DIN VDE 0258), |
| Gl | Gleitdrähte aus unmagnetischem Werkstoff, |
| u | unverseilte Kabel (nur DIN VDE 0257 und DIN VDE 0258), |
| St | Stahlrohr (nur DIN VDE 0257 und DIN VDE 0258), |
| B | Bewehrung aus Stahlband, |
| F | Bewehrung aus Stahlflachdraht, |
| FO | Bewehrung aus Stahlflachdraht, offen, |
| R | Bewehrung aus Stahlrunddraht, |
| RO | Bewehrung aus Stahlrunddraht, offen, |
| Gb | Gegen- oder Haltewendel aus Metallband, |
| A | Schutzhülle bzw. äußere Schutzhülle aus Faserstoffen, |
| AA | doppelte äußere Schutzhülle aus Faserstoffen oder Glasfaserband, |

| Y | Schutzhülle in Form eines Mantels aus thermoplastischem Kunststoff auf Basis von Polyvinylchlorid (PVC), |
|---|---|
| 2Y | Schutzhülle bzw. Kabelmantel aus thermoplastischem Kunststoff auf Basis PE, |
| Z | Bewehrung aus Z-förmigem Stahlprofildraht. |

### 5.2.4 Starkstromkabel mit Kunststoffisolierung und Kunststoffmantel

Anfangsbuchstaben im Typ-Kurzzeichen:

| | |
|---|---|
| NYK... | für Starkstromkabel mit Kunststoffisolierung aus Polyvinylchlorid (PVC) und Bleimantel (DIN VDE 0265), |
| NHX... | für halogenfreie Starkstromkabel mit Isolierung und Mantel aus halogenfreien Werkstoffen (DIN VDE 0266), |
| NY...Y (NAY...Y) | für Starkstromkabel mit Kunststoffisolierung aus Polyvinylchlorid (PVC) und Kunststoffaußenmantel aus Polyvinylchlorid (PVC) (DIN VDE 0271), |
| N2Y...Y (NA2Y...Y) | für Starkstromkabel mit Kunststoffisolierung aus thermoplastischem Polyäthylen (PE) und Kunststoffaußenmantel aus Polyvinylchlorid (PVC) (DIN VDE 0273), |
| N2X...Y (NA2X...Y) | für Starkstromkabel mit Kunststoffisolierung aus vernetztem Polyäthylen (VPE) und Kunststoffmantel aus Polyvinylchlorid (PVC) (DIN VDE 0273). |

Bei Kabeln mit Kunststoffisolierung und Kunststoffmantel werden Typ-Kurzzeichen nach dem Anfangsbuchstaben, in der Reihenfolge des Kabelbaues vom Leiter beginnend, noch folgende Kennbuchstaben verwendet:

| | |
|---|---|
| A | Leiter aus Aluminium, |
| Y | Isolierung aus Polyvinylchlorid (PVC), |
| 2Y | Isolierung aus thermoplastischem Polyäthylen (PE), |
| 2X | Isolierung aus vernetztem Polyäthylen (VPE), |
| H | feldbegrenzende leitfähige Schichten über dem Leiter und über der Isolierung, |
| HX | Isolierung aus vernetzter halogenfreier Polymer-Mischung, |
| C | konzentrischer Leiter aus Kupfer, |
| CW | konzentrischer Leiter aus Kupfer, wellenförmig aufgebracht, |
| CE | konzentrischer Leiter bei mehradrigen Kabeln über jeder einzelnen Ader, |
| S | Schirm aus Kupfer, |
| SE | bei mehradrigen Kabeln feldbegrenzende leitfähige Schichten über dem Leiter und der Isolierung und Kupferschirm über jeder einzelnen Ader (Kurzzeichen »H« entfällt hier), |
| F | Freileitungsseil (DIN VDE 0274), |
| F | Bewehrung aus verzinkten Stahlflachdrähten, |
| FE | Isolationserhalt, |
| R | Bewehrung aus verzinkten Stahlrunddrähten, |
| Gb | Gegen- oder Haltewendel aus verzinktem Stahlband, |

HX Mantel aus vernetzter halogenfreier Polymer-Mischung,
Y Schutzhülle zwischen Schirm oder konzentrischem Leiter und Bewehrung aus Polyvinylchlorid (PVC),
Y Außenmantel aus Polyvinylchlorid (PVC),
2Y Außenmantel aus Polyäthylen (PE).

Nach den Buchstaben-Kurzzeichen folgen die Angaben über Leiterzahlen, Leiterquerschnitt, Leiterform und Leiteraufbau:

Kurzzeichen für Leiterform und -art:
r    Leiter mit kreisförmigem Querschnitt,
s    Leiter mit sektorförmigem Querschnitt,
e    eindrähtiger Leiter,
m    mehrdrähtiger Leiter,
re   eindrähtiger Leiter, kreisförmiger Querschnitt,
rm   mehrdrähtiger Leiter, kreisförmiger Querschnitt,
se   eindrähtiger Leiter, sektorförmiger Querschnitt,
sm   mehrdrähtiger Leiter, sektorförmiger Querschnitt,
om   mehrdrähtiger Leiter, ovaler Querschnitt,
h    Hohlleiter,
/v   verdichteter Leiter.

Danach wird die Nennspannung des Kabels in kV angegeben.

**Beispiele** der vollständigen Kennzeichnung von Hochspannungskabeln:

NEKEBA           3 x 150 m 17,3/30 kV,
                 Mehrmantel-Starkstromkabel mit mehrdrähtigen Leitern, mit
                 getränkter Papierisolierung, Bleimantel, Bewehrung aus Stahldraht und äußerer Schutzhülle aus Faserstoffen für Spannungen
                 bis 17,3/30 kV
NPKDGLuSt2Y      3 x 500 om/v 127/220 kV,
                 Unverseiltes Gasaußendruckkabel, in Stahlrohr mit Bleimantel,
                 sowie mit mehrdrähtigen verdichteten Leitern (ovaler Querschnitt), unmagnetischer Druckschutzbandage, Gleitdrähte aus
                 unmagnetischem Werkstoff und Schutzhülle aus thermoplastischem Kunststoff für Spannungen bis 127/220 kV
NYCWY            3 x 120 sm/70 0,6/1 kV,
                 Starkstromkabel mit mehrdrähtigen und konzentrischen Leitern
                 aus Kupfer (sektorförmiger Querschnitt) wellenförmig aufgebracht und mit Kunststoffisolierung sowie mit Kunststoffaußenmantel für Spannungen bis 0,6/1 kV
NA2YSEY          3 x 70 se/16 5,8/10 kV.
                 Starkstromkabel mit eindrähtigen Leitern aus Aluminium (sektorförmiger Querschnitt) Kunststoffisolierung und mit feldbegrenzenden leitfähigen Schichten über den Leitern (Kupferschirm)
                 sowie mit Kunststoffaußenmantel für Spannungen bis 5,8/10 kV

## 5.3 Strombelastbarkeit und Betriebsbedingungen von Kabeln bis 1 kV

In DIN VDE 0298 Teil 2 [36] werden die Regeln für die Wahl des Leiterquerschnittes hinsichtlich der Belastung der Außenleiter im ungestörten Betrieb und im Kurzschlußfall für Anlagen bis 30 kV angegeben.

Für die gegebene Belastung im ungestörten Betrieb ist der Leiterquerschnitt so zu wählen, daß der Leiter an keiner Stelle und zu keinem Zeitpunkt über die zulässige Betriebstemperatur erwärmt wird. Die zu erwartende Erwärmung bzw. Belastbarkeit eines Kabels bestimmen den zu wählenden Querschnitt, dessen Aufbau und Werkstoffe sowie die möglichen Betriebsbedingungen. Normale Betriebsbedingungen und Belastbarkeit von Kabeln bis 1 kV (**Tabelle 5-3** bis **Tabelle 5-5**).

Eine zusätzliche Erwärmung bei Häufung mit anderen Kabeln, durch Heizkanäle, durch Sonneneinstrahlung u. s. w. ist nach DIN VDE 0298 Teil 2 zu berücksichtigen. Beispiele siehe **Tabelle 5-6**.

Bei der Belastbarkeit der Kabel im Kurzschlußfall ist auch die thermische und dynamische Kurzschlußfestigkeit des gewählten Leiterquerschnittes zu überprüfen.

Die thermische Kurzschlußfestigkeit ist gegeben, wenn der thermisch wirksame Kurzzeitstrom $I_{th}$ in A eine Kurzschlußdauer $T_K$ in s nach DIN VDE 0103 [38] nicht übersteigt.

Bei der Überprüfung der dynamischen Kurzschlußfestigkeit von Kabeln bis 1 kV sind meist nur die Stoßkurzschlußströme bis 40 kA (Scheitelwert) anzunehmen, bei denen keine besonderen Maßnahmen erforderlich sind.

**Tabelle 5–3.** Verlegen von Kabeln oder isolierten Leitungen in Luft oder in Erde (Auszug aus VDE 0298 Teil 2)

| Verlegung in Luft<br>Normale Betriebsbedingungen | Verlegung in Erde<br>Normale Betriebsbedingungen |
|---|---|
| Betriebsbedingungen<br>normal | Betriebsbedingungen<br>normal |
| Betriebsart<br>Dauerbetrieb entsprechend den Tabellen für Verlegung in Luft | Betriebsart<br>Belastungsgrad von 0,7 und Größlast entsprechend den Tabellen für Verlegung in Erde |
| Legebedingungen<br><br>Anordnung<br>1 mehradriges Kabel ⊙⊙<br>1 einadriges Gleichstromkabel ⊙<br>3 einadrige Kabel ⊙ ⊙ ⊙<br>im Drehstromsystem,<br>nebeneinander liegend 7 cm<br>mit Zwischenraum<br>gleich Kabeldurch-<br>messer<br>3 einadrige Kabel im Drehstrom-<br>system, gebündelt[1] | Legebedingungen<br>Legetiefe 0,7 m<br>Anordnung<br>1 mehradriges Kabel ⊙⊙<br><br>1 einadriges Kabel ⊙<br>im Gleichstromsystem<br><br><br><br>3 einadrige Kabel im Dreh- ⊙ ⊙ ⊙<br>stromsystem, nebeneinan-<br>der, Zwischenraum = 7 cm d d<br>3 einadrige Kabel im Drehstrom-<br>system, gebündelt[1] |
| Verlegung frei in Luft, d. h., die ungehinderte Wärmeabgabe wird gewährleistet bei: Abstand der Kabel von Wand, Boden oder Decke mindestens 2 cm.<br>Bei nebeneinander liegenden Kabeln: Zwischenraum mindestens 2facher Kabeldurchmesser.<br>Bei übereinander liegenden Kabeln: Senkrechter Abstand der Kabel mindestens 2facher Kabeldurchmesser, der Kabellagen mindestens etwa 20 cm | Bettung im Sand oder Erdaushub und gegebenenfalls Abdeckung mit Ziegelsteinen, Zementplatten oder flachen bis leicht gekrümmten, dünnen Abdeckplatten aus Kunststoff |
| Berücksichtigung der durch die Verlustwärme der Kabel gestiegenen Lufttemperatur oder ausreichend große und belüftete Räume | Umgebungsbedingungen<br>Erdbodentemperatur in Legetiefe 20 °C |
| Schutz gegen direkte Wärmebestrahlung durch Sonne usw. | Spezifischer Erdbodenwärmewiderstand des Feuchtbereiches    1 K·m/W |
| Umgebungsbedingungen<br>Lufttemperatur 30 °C | Spezifischer Erdbodenwärmewiderstand des Trockenbereiches    2,5 K·m/W |

**Tabelle 5-3.** (Fortsetzung)

| Verlegung in Luft<br>Normale Betriebsbedingungen | Verlegung in Erde<br>Normale Betriebsbedingungen |
|---|---|
| Verbindung und Erdung der Metallmäntel<br>oder Schirme beidseitig | Verbindung und Erdung der Metallmäntel<br>oder Schirme beidseitig |

[1] Unter „gebündelt" wird eine Verlegung berührend im Dreieck verstanden.

**Tabelle 5–4.** Belastbarkeit, Verlegung in Erde, Kabel mit $U_0/U = 0,6/1$ kV (Auszug aus DIN VDE 0298 Teil 2)

| 1 | 2 | 3 | 4 | 5 | 6 | 7 | 8 | 9 | 10 | 11 | 12 | 13 | 14 | 15 | 16 | 17 | 18 |
|---|---|---|---|---|---|---|---|---|---|---|---|---|---|---|---|---|---|
| Isolierstoff | Papier-Masse | | | | | | PVC | | | | | | | VPE | | | |
| Metallmantel | Blei | | Aluminium | | | | — | | | | | Blei | | — | | | |
| Kurzzeichen z. B. | N(A)KBA | N(A)KA | | | N(A)KLEY | | N(A)YY; N(A)YCWY³⁾ | | | | | NYKY | | N(A)2XY | | | |
| VDE-Bestimmung | VDE 0255 | | | | | | VDE 0271 | | | | | DIN 57265/VDE 0265 | | VDE 0272 | | | |
| zulässige Betriebstemperatur | 80 °C | | | | | | 70 °C | | | | | | | 90 °C | | | |
| Anordnung | ⊙⊕ ⁶⁾ | ⊗⊗ | ⊙⊙⊙ | ⊙⊙ ⁶⁾ | ⊗⊗ | ⊙⊙⊙ | ⊙ ⁴⁾ | ⊙ | ⊙⊙ ⁶⁾ | ⊗⊗ | ⊙⊙⊙ | ⊙ | ⊙⊙ ⁶⁾ | ⊙ ⁴⁾ | ⊙⊙ ⁶⁾ | ⊗⊗ | ⊙⊙⊙ | |
| Nennquerschnitt Kupferleiter mm² | Belastbarkeit in Ampere | | | | | | | | | | | | | | | | |
| 1,5 | – | – | – | – | – | – | 40 | 32 | 26 | – | – | 31 | 27 | 48 | 30 | 32 | 39 |
| 2,5 | – | – | – | – | – | – | 54 | 42 | 34 | – | – | 41 | 35 | 63 | 40 | 43 | 51 |
| 4 | – | – | – | – | – | – | 70 | 54 | 44 | – | – | 54 | 46 | 82 | 52 | 55 | 66 |
| 6 | – | – | – | – | – | – | 90 | 68 | 56 | – | – | 68 | 58 | 103 | 64 | 68 | 82 |
| 10 | – | – | – | – | – | – | 122 | 90 | 75 | – | – | 92 | 78 | 137 | 86 | 90 | 109 |
| 16 | – | – | – | – | – | – | 160 | 116 | 98 | 107 | 127 | 121 | 101 | 177 | 111 | 115 | 139 |
| 25 | 133 | 147 | 172 | 135 | 146 | 169 | 206 | – | 128 | 137 | 163 | 153 | 131 | 229 | 143 | 149 | 179 |
| 35 | 161 | 175 | 205 | 162 | 174 | 200 | 249 | – | 157 | 165 | 195 | 187 | 162 | 275 | 173 | 178 | 213 |
| 50 | 191 | 207 | 241 | 192 | 206 | 234 | 296 | – | 185 | 195 | 230 | 222 | 192 | 327 | 205 | 211 | 251 |
| 70 | 235 | 254 | 294 | 237 | 251 | 282 | 365 | – | 228 | 239 | 282 | 272 | 236 | 402 | 252 | 259 | 307 |
| 95 | 281 | 303 | 350 | 284 | 299 | 331 | 438 | – | 275 | 287 | 336 | 328 | 283 | 482 | 303 | 310 | 366 |
| 120 | 320 | 345 | 395 | 324 | 339 | 367 | 499 | – | 313 | 326 | 382 | 375 | 323 | 550 | 346 | 352 | 416 |

**Tabelle 5-4.** (Fortsetzung)

| 1 | 2 | 3 | 4 | 5 | 6 | 7 | 8 | 9 | 10 | 11 | 12 | 13 | 14 | 15 | 16 | 17 | 18 |
|---|---|---|---|---|---|---|---|---|---|---|---|---|---|---|---|---|---|
| Nennquerschnitt Kupferleiter mm² | Belastbarkeit in Ampere | | | | | | | | | | | | | | | | |
| 150 | 361 | 387 | 441 | 364 | 379 | 402 | 561 | – | 353 | 366 | 428 | 419 | 362 | 618 | 390 | 396 | 465 |
| 185 | 410 | 437 | 494 | 411 | 426 | 443 | 637 | – | 399 | 414 | 483 | 475 | 409 | 701 | 441 | 449 | 526 |
| 240 | 474 | 507 | 567 | 475 | 488 | 488 | 743 | – | 464 | 481 | 561 | 550 | 474 | 819 | 511 | 521 | 610 |
| 300 | 533 | 571 | 631 | 533 | 544 | 529 | 843 | – | 524 | 542 | 632 | – | 533 | 931 | 580 | 587 | 689 |
| 400 | 602 | 654 | 711 | 603 | 610 | 571 | 986 | – | 600 | 624 | 730 | – | 603 | 1073 | 663 | 669 | 788 |
| 500 | – | 731 | 781 | – | 665 | 603 | 1125 | – | – | 698 | 823 | – | – | 1223 | – | 748 | 889 |
| Nennquerschnitt Aluminiumleiter mm² | Belastbarkeit in Ampere | | | | | | | | | | | | | | | | |
| 25 | 103 | – | – | 104 | – | – | – | | 99 | – | – | – | – | 177 | 111 | – | – |
| 35 | 124 | 135 | 158 | 125 | 135 | 155 | 192 | | 118 | 127 | 151 | – | – | 212 | 132 | 137 | 164 |
| 50 | 148 | 161 | 188 | 149 | 160 | 184 | 229 | | 142 | 151 | 179 | – | – | 253 | 157 | 163 | 195 |
| 70 | 182 | 197 | 229 | 184 | 195 | 222 | 282 | | 176 | 186 | 218 | – | – | 311 | 195 | 201 | 238 |
| 95 | 218 | 236 | 273 | 221 | 233 | 263 | 339 | | 211 | 223 | 261 | – | – | 374 | 233 | 240 | 284 |
| 120 | 249 | 268 | 309 | 252 | 265 | 294 | 388 | | 242 | 254 | 297 | – | – | 427 | 266 | 274 | 323 |
| 150 | 281 | 301 | 345 | 283 | 297 | 325 | 435 | | 270 | 285 | 332 | – | – | 479 | 299 | 308 | 361 |
| 185 | 320 | 341 | 389 | 322 | 335 | 361 | 494 | | 308 | 323 | 376 | – | – | 543 | 340 | 350 | 408 |
| 240 | 372 | 398 | 449 | 373 | 388 | 406 | 578 | | 363 | 378 | 437 | – | – | 637 | 401 | 408 | 476 |
| 300 | 420 | 449 | 503 | 421 | 435 | 446 | 654 | | 412 | 427 | 494 | – | – | 721 | 455 | 462 | 537 |
| 400 | 481 | 520 | 573 | 483 | 496 | 491 | 765 | | 475 | 496 | 572 | – | – | 832 | 526 | 531 | 616 |
| 500 | – | 587 | 639 | – | 552 | 529 | 873 | | – | 562 | 649 | – | – | 949 | – | 601 | 699 |

**Tabelle 5-4.** (Fortsetzung)

| 1 | 2 | 3 | 4 | 5 | 6 | 7 | 8 | 9 | 10 | 11 | 12 | 13 | 14 | 15 | 16 | 17 | 18 |
|---|---|---|---|---|---|---|---|---|----|----|----|----|----|----|----|----|----|
| Nennquerschnitt Aluminiumleiter mm² | Belastbarkeit in Ampere | | | | | | | | | | | | | | | | |
| Tabellen für $f_1$ | 14 | 14 | 14 | 14 | 14 | 14 | 14 | 14 | 14 | 14 | 14 | 14 | 14 | 14 | 14 | 14 | 14 |
| Umrechnungsfaktoren $f_2$ | 19 | 16/17 | 18 | 19 | 16/17 | 18 | 19 | 20 | 19 | 16/17 | 18 | 20 | 19 | 19 | 19 | 16/17 | 18 |

[3] für N(A)YCWY gelten nur die Spalten 8 bis 10
[4] Belastbarkeit in Gleichstromanlagen
[6] Kabel im Drehstrombetrieb

**Tabelle 5–5.** Belastbarkeit, Verlegung in Luft, Kabel mit $U_0/U = 0{,}6/1$ kV (Auszug aus DIN VDE 0298 Teil 2)

| 1 | 2 | 3 | 4 | 5 | 6 | 7 | 8 | 9 | 10 | 11 | 12 | 13 | 14 | 15 | 16 | 17 | 18 |
|---|---|---|---|---|---|---|---|---|---|---|---|---|---|---|---|---|---|
| Isolierstoff | Papier-Masse | | | | | | PVC[5] | | | | | | | VPE | | | |
| Metallmantel | Blei | | | Aluminium | | | — | | | | | Blei | | — | | | |
| Kurzzeichen z. B. | N(A) KBA | N(A)KA | | N(A)KLEY | | | N(A)YY; N(A)YCWY[3] | | | | | NYKY | | N(A)2XY | | | |
| VDE-Bestimmung | | VDE 0255 | | | | | VDE 0271 | | | | | DIN 57265/ VDE 0265 | | VDE 0272 | | | |
| zulässige Betriebstemperatur | 80 °C | | | | | | 70 °C | | | | | | | 90 °C | | | |
| Anordnung | [6] ⊙ ⊕ | ⊗ | ⊙⊙⊙ | [6] ⊙ ⊕ | ⊗ | ⊙⊙⊙ | [4] ⊙ | ⊙ | [6] ⊙ ⊕ | ⊗ | ⊙⊙⊙ | ⊙ | [6] ⊙ ⊕ | [4] ⊙ | [6] ⊙ ⊕ | ⊗ | ⊙⊙⊙ |
| Nennquerschnitt Kupferleiter mm² | Belastbarkeit in Ampere | | | | | | | | | | | | | | | | |
| 1,5 | – | – | – | – | – | – | 26 | 20 | 18,5 | 20 | 25 | 20 | 18,5 | 32 | 24 | 25 | 32 |
| 2,5 | – | – | – | – | – | – | 35 | 27 | 25 | 27 | 34 | 27 | 25 | 43 | 32 | 34 | 42 |
| 4 | – | – | – | – | – | – | 46 | 37 | 34 | 37 | 45 | 37 | 34 | 57 | 42 | 44 | 56 |
| 6 | – | – | – | – | – | – | 58 | 48 | 43 | 48 | 57 | 48 | 43 | 72 | 53 | 57 | 71 |
| 10 | – | – | – | – | – | – | 79 | 66 | 60 | 66 | 78 | 66 | 60 | 99 | 73 | 77 | 96 |
| 16 | – | – | – | – | – | – | 105 | 89 | 80 | 89 | 103 | 89 | 80 | 131 | 96 | 102 | 128 |
| 25 | 114 | 138 | 167 | 114 | 136 | 163 | 140 | 118 | 106 | 118 | 137 | 118 | 106 | 177 | 130 | 139 | 173 |
| 35 | 140 | 168 | 203 | 139 | 166 | 199 | 174 | 145 | 131 | 145 | 169 | 145 | 131 | 218 | 160 | 170 | 212 |
| 50 | 169 | 203 | 246 | 168 | 200 | 239 | 212 | 176 | 159 | 176 | 206 | 176 | 159 | 266 | 159 | 208 | 258 |
| 70 | 212 | 255 | 310 | 213 | 251 | 299 | 269 | 224 | 202 | 224 | 261 | 224 | 202 | 338 | 247 | 265 | 328 |
| 95 | 259 | 312 | 378 | 262 | 306 | 361 | 331 | 271 | 244 | 271 | 321 | 271 | 244 | 416 | 305 | 326 | 404 |
| 120 | 299 | 364 | 439 | 304 | 354 | 412 | 386 | 314 | 282 | 314 | 374 | 314 | 282 | 487 | 355 | 381 | 471 |

Tabelle 5-5. (Fortsetzung)

| 1 | 2 | 3 | 4 | 5 | 6 | 7 | 8 | 9 | 10 | 11 | 12 | 13 | 14 | 15 | 16 | 17 | 18 |
|---|---|---|---|---|---|---|---|---|----|----|----|----|----|----|----|----|----|
| Nennquerschnitt Kupferleiter mm² | Belastbarkeit in Ampere | | | | | | | | | | | | | | | | |
| 150 | 343 | 415 | 500 | 350 | 403 | 463 | 442 | 361 | 324 | 361 | 428 | 361 | 324 | 559 | 407 | 438 | 541 |
| 185 | 397 | 479 | 575 | 402 | 462 | 522 | 511 | 412 | 371 | 412 | 494 | 412 | 371 | 648 | 469 | 507 | 626 |
| 240 | 467 | 570 | 678 | 474 | 545 | 594 | 612 | 484 | 436 | 484 | 590 | 484 | 436 | 779 | 551 | 606 | 749 |
| 300 | 533 | 654 | 772 | 542 | 619 | 657 | 707 | - | 481 | 549 | 678 | - | 492 | 902 | 638 | 697 | 864 |
| 400 | 611 | 783 | 912 | 628 | 726 | 734 | 859 | - | 560 | 657 | 817 | - | 563 | 1070 | 746 | 816 | 1018 |
| 500 | - | 893 | 1032 | - | 809 | 786 | 1000 | - | - | 749 | 940 | - | - | 1246 | - | 933 | 1173 |
| Nennquerschnitt Aluminiumleiter mm² | Belastbarkeit in Ampere | | | | | | | | | | | | | | | | |
| 25 | 89 | - | - | 88 | - | - | 128 | 91 | 83 | - | - | - | - | 137 | 100 | - | - |
| 35 | 108 | 130 | 157 | 107 | 128 | 154 | 145 | 113 | 102 | 113 | 131 | - | - | 168 | 122 | 131 | 163 |
| 50 | 131 | 157 | 191 | 130 | 155 | 186 | 176 | 138 | 124 | 138 | 160 | - | - | 206 | 147 | 161 | 200 |
| 70 | 165 | 198 | 240 | 166 | 195 | 234 | 224 | 174 | 158 | 174 | 202 | - | - | 262 | 189 | 205 | 254 |
| 95 | 201 | 243 | 294 | 203 | 238 | 284 | 271 | 210 | 190 | 210 | 249 | - | - | 323 | 232 | 253 | 313 |
| 120 | 233 | 283 | 343 | 237 | 277 | 328 | 314 | 274 | 220 | 244 | 291 | - | - | 377 | 270 | 296 | 366 |
| 150 | 267 | 323 | 390 | 272 | 316 | 370 | 361 | 281 | 252 | 281 | 333 | - | - | 433 | 308 | 341 | 420 |
| 185 | 310 | 374 | 450 | 314 | 363 | 421 | 412 | 320 | 289 | 320 | 384 | - | - | 502 | 357 | 395 | 486 |
| 240 | 366 | 447 | 535 | 372 | 432 | 489 | 484 | 378 | 339 | 378 | 460 | - | - | 605 | 435 | 475 | 585 |
| 300 | 420 | 515 | 613 | 428 | 494 | 548 | 548 | - | 377 | 433 | 530 | - | - | 699 | 501 | 548 | 675 |
| 400 | 488 | 623 | 733 | 503 | 589 | 627 | 666 | - | 444 | 523 | 642 | - | - | 830 | 592 | 647 | 798 |
| 500 | - | 718 | 833 | - | 669 | 687 | 776 | - | - | 603 | 744 | - | - | 966 | - | 749 | 926 |

**Tabelle 5-5.** (Fortsetzung)

| 1 | 2 | 3 | 4 | 5 | 6 | 7 | 8 | 9 | 10 | 11 | 12 | 13 | 14 | 15 | 16 | 17 | 18 |
|---|---|---|---|---|---|---|---|---|----|----|----|----|----|----|----|----|----|
| Nennquerschnitt Aluminiumleiter mm² | Belastbarkeit in Ampere | | | | | | | | | | | | | | | | |
| Tabellen für [1] 21 | 21 | 21 | 21 | 21 | 21 | 21 | 21 | 21 | 21 | 21 | 21 | 21 | 21 | 21 | 21 | 21 | 21 |
| Umrechnungsfaktoren [2] 23 | 23 | 22 | 22 | 23 | 22 | 22 | 23 | 23 | 23 | 22 | 22 | 23 | 23 | 23 | 23 | 22 | 22 |

[1] für Lufttemperatur
[2] für Häufung
[3] für N(A)YCWY gelten nur die Spalten 8 bis 10
[4] Belastbarkeit in Gleichstromanlagen
[5] Werte bis 240 mm² harmonisiert nach CENELEC
[6] Kabel im Drehstrombetrieb

**Tabelle 5–6.** Umrechnungsfaktoren für Häufung in Luft[1]
Einadrige Kabel in Drehstromsystemen (Auszug aus DIN VDE 0298 Teil 2)

| Anordnung der Kabel | | Ebene Verlegung, Zwischenraum = Kabeldurchmesser $d$ Abstand von der Wand $\geq$ 2 cm | | |
|---|---|---|---|---|
| | Anzahl der Systeme nebeneinander | 1 | 2 | 3 |
| Auf dem Boden liegend | | 0,92 | 0,89 | 0,88 |
| Auf Kabelwannen liegend (behinderte Luftzirkulation) | Anzahl der Wannen | | | |
| | 1 | 0,92 | 0,89 | 0,88 |
| | 2 | 0,87 | 0,84 | 0,83 |
| | 3 | 0,84 | 0,82 | 0,81 |
| | 6 | 0,82 | 0,80 | 0,79 |
| Auf Kabelrosten liegend (unbebinderte Luftzirkulation) | Anzahl der Roste | | | |
| | 1 | 1,00 | 0,97 | 0,96 |
| | 2 | 0,97 | 0,94 | 0,93 |
| | 3 | 0,96 | 0,93 | 0,92 |
| | 6 | 0,94 | 0,91 | 0,90 |

**Tabelle 5-6.** (Fortsetzung)

| Anordnung der Kabel | | Ebene Verlegung, Zwischenraum = Kabeldurchmesser $d$<br>Abstand von der Wand $\geqq 2\,cm$ | | | |
|---|---|---|---|---|---|
| | Anzahl<br>der<br>Systeme<br>über-<br>einander | 1 | 2 | 3 | $\geqq 2\,cm$ |
| Auf Gerüsten oder<br>an der Wand<br>angeordnet | | 0,94 | 0,91 | 0,89 | |

| Anordnungen, für<br>die eine Reduktion<br>nicht erforderlich<br>ist[1] | Bei ebener Verlegung mit vergrößertem Abstand wirken<br>der verringerten gegenseitigen Erwärmung die vermehr-<br>ten Mantel- oder Schirmverluste entgegen. Daher können<br>hier Angaben über reduktionsfreie Anordnungen nicht<br>gemacht werden. |
|---|---|

| Anordnung der Kabel | | gebündelte Verlegung, Zwischenraum = 2 $d$<br>Abstand von der Wand $\geqq 2\,cm$ | | | |
|---|---|---|---|---|---|
| | Anzahl<br>der<br>Systeme<br>neben-<br>einander | 1 | 2 | 3 | |
| Auf dem Boden<br>liegend | | 0,95 | 0,90 | 0,88 | |

**Tabelle 5–6.** (Fortsetzung)

| Anordnung der Kabel | gebündelte Verlegung, Zwischenraum $= 2\,d$ Abstand von der Wand $\geqq 2\,\text{cm}$ | | | |
|---|---|---|---|---|
| Auf Kabelwannen liegend (behinderte Luftzirkulation) | Anzahl der Wannen | | | |
| | 1 | 0,95 | 0,90 | 0,88 |
| | 2 | 0,90 | 0,85 | 0,83 |
| | 3 | 0,88 | 0,83 | 0,81 |
| | 6 | 0,86 | 0,81 | 0,79 |
| Auf Kabelrosten liegend (unbehinderte Luftzirkulation) | Anzahl der Roste | | | |
| | 1 | 1,00 | 0,98 | 0,96 |
| | 2 | 1,00 | 0,95 | 0,93 |
| | 3 | 1,00 | 0,94 | 0,92 |
| | 6 | 1,00 | 0,93 | 0,90 |
| Auf Gerüsten oder an der Wand angeordnet | Anzahl der Systeme übereinander | | | |
| | | 1 | 2 | 3 |
| | | 0,89 | 0,86 | 0,84 |

84

**Tabelle 5–6.** (Fortsetzung)

| Anordnung der Kabel | gebündelte Verlegung, Zwischenraum $= 2\,d$<br>Abstand von der Wand $\geqq 2\,\mathrm{cm}$ |
|---|---|
| Anordnungen, für<br>die eine Reduktion<br>nicht erforderlich ist[1] | |

[1] Wird in engen Räumen oder bei großer Häufung die Lufttemperatur durch die Verlustwärme der Kabel erhöht, so sind zusätzlich die Umrechnungsfaktoren für abweichende Lufttemperaturen anzuwenden

## 5.4 Strombelastbarkeit und Betriebsbedingungen von Leitungen

DIN VDE 0298 Teil 4 [37] enthält eine Übersicht der Leitungsbauarten (**Tabelle 5-7**) und die Bestimmungen für die Wahl des Leiterquerschnittes, der aus der Belastung im ungestörten Betrieb bzw. im Kurzschlußfall ermittelt werden kann.

Für die Belastung im ungestörten Betrieb ist der Leiternennquerschnitt so zu wählen, daß der Leiter an keiner Stelle und zu keinem Zeitpunkt über die zulässige Betriebstemperatur erwärmt wird. Die Erwärmung bzw. Belastbarkeit einer Leitung ist vom Aufbau, den Werkstoffeigenschaften sowie den Betriebsbedingungen abhängig. Die zulässigen Betriebsbedingungen und Belastbarkeit für Leitungen für feste Verlegung bzw. für flexible Leitungen sind in **Tabelle 5-8** bis **Tabelle 5-12** aufgeführt und sollen deren Auswahl für die verschiedenen Einsatzfälle präzisieren. Eine zusätzliche Erwärmung bei Häufung mit anderen Leitungen, durch Heizkanäle, durch Sonneneinstrahlung u. s. w. ist nach [37] zu berücksichtigen, Beispiele siehe **Tabelle 5-13** bis **Tabelle 5-16**.

Bei der Belastbarkeit von Leitungen im Kurzschlußfall ist, wenn im Ausnahmefall erforderlich, auch die thermische Kurzschlußbelastbarkeit der gewählten Leiternennquerschnitte nach den Rechenverfahren gemäß [38] zu überprüfen.

**Tabelle 5–7.** Übersicht Leitungsbauarten, zulässige Betriebstemperaturen, Werkstoffe (Auszug aus DIN VDE 0298 Teil 4, Tabelle 1)

| 1 | 2 | 3 | 4 | 5 |
|---|---|---|---|---|
| Bauart | Bauart-kurzzeichen | zulässige Betriebs-temperatur nach DIN VDE 0298 Teil 3 °C | Isolier- Werkstoff[1] | Mantel-/ Hüllen- Werkstoff[1] |
| **Leitungen für feste Verlegung** | | | | |
| PVC-Verdrahtungsleitungen | H05V-U H05V-K | 70 | PVC | – |
| PVC-Aderleitungen | H07V-U H07V-R H07V-K | 70 | PVC | – |
| PVC-Verdrahtungsleitungen mit erhöhter Wärmebeständigkeit | NYFAW NYFAFW NYFAZW | 90 | PVC | – |
| Gummiaderleitungen mit erhöhter Wärmebeständigkeit | N4GA N4GAF | 120 | EVA | – |
| ETFE-Aderleitungen mit erhöhter Wärmebeständigkeit | N7YA N7YAF | 135 | ETFE | – |
| Silikon-Verdrahtungsleitungen mit erhöhter Wärmebeständigkeit | N2GFA N2GFAF | 180 | SiR | – |
| Silikon-Aderleitungen mit erhöhter Wärmebeständigkeit | H05SJ-K A05SJ-K A05SJ-U | 180 | SiR | Glasseide |
| Stegleitungen | NYIF NYIFY | 70 | PVC | – |
| PVC-Mantelleitung | NYM | 70 | PVC | PVC |
| PVC-Mantelleitungen mit Traggeflecht | NYMZ | 70 | PVC | PVC |
| PVC-Mantelleitungen mit Tragseil | NYMT | 70 | PVC | PVC |
| Umhüllte Rohrdrähte für Räume mit Hochfrequenzanlagen | NHYRUZY | 70 | PVC | Zn/PVC |
| Bleimantelleitungen | NYBUY | 70 | PVC | Pb/PVC |
| Wetterfeste PVC-Leitungen | NFYW | 70 | PVC | PVC |
| Gummi-Pendelschnüre | NPL | 60 | NR/SR | Textil |
| PVC-Pendelschnüre mit erhöhter Wärmebeständigkeit | NYPLYW | 90 | PVC | PVC |
| Illuminationsflachleitungen | NIFLÖU | 60 | NR/SR | CR |
| **Flexible Leitungen** | | | | |
| Leichte Zwillingsleitungen | H03VH-Y | 70 | PVC | – |
| Zwillingsleitungen | H03VH-H | 70 | PVC | – |
| PVC-Schlauchleitungen 03VV | H03VV-F H03VVH2-F | 70 | PVC | PVC |

**Tabelle 5-7.** (Fortsetzung)

| 1 | 2 | 3 | 4 | 5 |
|---|---|---|---|---|
| Bauart | Bauart-kurzzeichen | zulässige Betriebs-temperatur nach DIN VDE 0298 Teil 3 °C | Isolier- | Mantel-/ Hüllen- Werkstoff[1] |
| PVC-Schlauchleitungen 05VV | H05VV-F H05VVH2-F | 70 | PVC | PVC |
| PVC-Schlauchleitungen NYMHYV | NYMHYV | 70 | PVC | PVC |
| PVC-Steuerleitungen | NYSLYÖ NYSLYCYÖ | 70 | PVC | PVC |
| PVC-Flachleitungen 05VVH6 | H05VVH6-F H05VVD3H6-F | 70 | PVC | PVC |
| PVC-Flachleitungen 07VVH6 | H07VVH6-F H07VVD3H6-F | 70 | PVC | PVC |
| Gummi-Aderschnüre | H03RT-F | 60 | NR/SR | Textil |
| Silikon-Aderschnüre | N2GSA | 180 | SiR | Glasseide |
| Gummischlauchleitungen mit erhöhter Wärmebeständigkeit | N2GMH2G | 180 | SiR | SiR |
| Gummischlauchleitungen 05RR | H05RR-F A05RR-F | 60 | NR/SR | NR/SR |
|  | A05RRT-F | 60 | NR/SR | NR/SR und Textil |
| Gummischlauchleitungen 05RN | H05RN-F A05RN-F | 60 | NR/SR | CR |
| Gummischlauchleitungen 07RN | H07RN-F A07RN-F | 60 | NR/SR | CR |
| Sondergummischlauchleitungen | NMHVÖU | 60 | NR/SR | CR |
| Geschirmte Gummischlauch-leitungen | NSHCÖU | 60 | NR/SR | CR |
| Gummischlauchleitungen NSSH | NSSHÖU | 90 | EPR | CR |
| Gummischlauchleitungen für Hebezeuge... | NSHTÖU | 60 | NR/SR | CR |
| Gummi-Aufzugsteuerleitungen | H05RND5-F | 60 | NR/SR | CR |
|  | H05RT2D5-F | 60 | NR/SR | Textil |
| Gummi-Aufzugsteuerleitungen | H07RND5-F | 60 | NR/SR | CR |
|  | H07RT3D5-F | 60 | NR/SR | Textil |
| Gummi-Flachleitungen | NGFLGÖU | 60 | NR/SR | CR |
| Leitungstrossen | NT... | 90 | EPR | CR |

[1]
| | | | |
|---|---|---|---|
| PVC | Polyvinylchlorid | EPR | Ethylenpropylen-Kautschuk (EPM) oder Ethylen-Propy-len-Dien-Kautschuk (EPDM) |
| EVA | Ethylen-Vinylacetat-Copolymer | | |
| ETEFE | Ethylen-Tetrafluorethylen | | |
| SiR | Silikon-Kautschuk | | |
| NR | Natur-Kautschuk | Pb | Blei |
| SR | Synthetischer Kautschuk | Zn | Zink |
| CR | Chloropren-Kautschuk | | |

**Tabelle 5-8.** Betriebsbedingungen für Leitungen für feste Verlegung (Auszug aus DIN VDE 0298 Teil 4, Tabelle 2)

| 1 | 2 |
|---|---|
| Vereinbarte Betriebsbedingungen | Abweichende Betriebsbedingungen |
| Betriebsart<br>Dauerbetrieb mit den Werten der Belastbarkeit nach den Tabellen 5-9 und 5-10 | – |
| Verlegebedingungen<br>Verlegeart A,<br>Verlegung in wärmedämmenden Wänden nach Tabelle 5-9<br>– Aderleitungen im Elektroinstallationsrohr (Referenz-Verlegeart)<br>– mehradrige Leitung im Elektroinstallationsrohr<br>– mehradrige Leitung in der Wand | Umrechnungsfaktoren<br>– für Häufung nach Tabelle 5-14<br>– für vieladrige Leitungen nach Tabelle 5-14 |
| Verlegeart B 1, B 2,<br>Verlegung in Elektroinstallationsrohren oder -kanälen nach Tabelle 5-9<br>– Aderleitungen im Elektroinstallationsrohr auf der Wand (Referenz-Verlegeart)<br>– Aderleitungen im Elektroinstallationskanal auf der Wand<br>– Aderleitungen, einadrige Mantelleitungen oder mehradrige Leitungen im Elektroinstallationsrohr in der Wand oder unter Putz<br>– mehradrige Leitung im Elektroinstallationsrohr auf der Wand oder auf dem Fußboden<br>– mehradrige Leitung im Elektroinstallationskanal auf der Wand oder auf dem Fußboden | Umrechnungsfaktoren<br>– für Häufung nach Tabelle 5-14<br>– für vieladrige Leitungen nach Tabelle 5-16 |
| Verlegeart C,<br>Direkte Verlegung nach Tabelle 5-9<br>– mehradrige Leitung auf der Wand oder auf dem Fußboden (Referenz-Verlegeart)<br>– einadrige Mantelleitung auf der Wand oder auf dem Fußboden<br>– mehradrige Leitung in der Wand oder unter Putz<br>– Stegleitung unter Putz | Umrechnungsfaktoren<br>– für Häufung nach Tabelle 5-15<br>– für vieladrige Leitungen nach Tabelle 5-16 |

**Tabelle 5-8.** (Fortsetzung)

| 1 | 2 |
|---|---|
| Vereinbarte Betriebsbedingungen | Abweichende Betriebsbedingungen |
| Verlegeart E<br>Verlegung frei in Luft nach Tabelle 5-10, d. h., die ungehinderte Wärmeabgabe wird sichergestellt:<br>- bei Abstand der Leitung von der Wand nach Tabelle<br>- bei nebeneinanderliegenden Leitungen mit einem Zwischenraum von mindestens 2fachem tungsdurchmesser<br>- bei übereinanderliegenden Leitungen mit einem senkrechten Zwischenraum von mindestens 2fachem Leitungsdurchmesser | Umrechnungsfaktoren<br>- für Häufung nach Tabelle 5-15<br>- für vieladrige Leitungen nach Tabelle 5-16<br>Lei- |
| Umgebungsbedingungen<br>Umgebungstemperatur 30 °C<br>Ausreichend große oder belüftete Räume, in denen die Umgebungstemperatur durch die Verlustwärme der Leitungen nicht merklich erhöht wird<br>Schutz gegen direkte Wärmebestrahlung durch Sonne usw. | Umrechnungsfaktoren<br>- für abweichende Umgebungstemperaturen nach Tabelle 5-13 |

Hinweise zu Tabelle 5-8

Zu Verlegeart A
- Die wärmedämmende Wand besteht aus einer äußeren wetterfesten Platte, Wärmedämmung und einer inneren Platte aus Holz oder holzähnlichem Material. Der Wärmeleitwiderstand dieser inneren Platte beträgt $0,1 \ m^2 \cdot K/W$. Das Elektroinstallationsrohr oder die mehradrige Leitung sind in der Wand so angebracht, daß sie dicht an die innere Platte anschließen, sie aber nicht notwendigerweise berühren. Es wird angenommen, daß die Verlustwärme der Leitung nur über die innere Platte abgeleitet wird. Das Elektroinstallationsrohr darf aus Metall oder Kunststoff sein.

Zu Verlegearten B 1 und B 2
- Die Elektroinstallationsrohre sind so auf der Wandoberfläche befestigt, daß der Abstand zwischen Elektroinstallationsrohr und der Wandoberfläche kleiner als das 0,3fache des Rohrdurchmessers beträgt.

Zu Verlegeart C
- Die Leitungen sind so befestigt, daß der Abstand zwischen ihnen und der Wandoberfläche kleiner als der 0,3fache Außendurchmesser der Leitungen ist.

**Tabelle 5–9.** Belastbarkeit, Leitungen für feste Verlegung, Verlegeart A, B 1, B 2 und C (Auszug aus DIN VDE 0298 Teil 4, Tabelle 3)

| 1 | 2 | 3 | 4 | 5 | 6 | 7 | 8 | 9 |
|---|---|---|---|---|---|---|---|---|
| Isolierwerkstoff | PVC | | | | | | | |
| Bauart-Kurzzeichen[1] | NYM, NYBUY, NHYRUZY, NYIF, NYIFY, H07V-U, H07V-R, H07V-K | | | | | | | |
| Zulässige Betriebstemperatur | 70°C | | | | | | | |
| Anzahl der Adern | 2 | 3 | 2 | 3 | 2 | 3 | 2 | 3 |
| Verlegeart | A | | B 1 | | B 2 | | C | |
| | In wärmedämmenden Wänden | | Auf oder in Wänden oder unter Putz | | | | direkt verlegt | |
| | | | in Elektroinstallationsrohren oder -kanälen | | | | | |
| | Aderleitungen im Elektroinstallationsrohr[2)5)] | | Aderleitungen im Elektroinstallationsrohr auf der Wand[3)] | | mehradrige Leitung im Elektroinstallationsrohr auf der Wand oder auf dem Fußboden | | mehradrige Leitung auf der Wand oder auf dem Fußboden[4)] | |
| | mehradrige Leitung im Elektroinstallationsrohr[5)] | | Aderleitungen im Elektroinstallationskanal auf der Wand | | mehradrige Leitung im Elektroinstallationskanal auf der Wand oder auf dem Fußboden | | einadrige Mantelleitungen auf der Wand oder auf dem Fußboden | |

**Tabelle 5–9.** (Fortsetzung)

| 1 | 2 | 3 | 4 | 5 | 6 | 7 | 8 | 9 |
|---|---|---|---|---|---|---|---|---|
| Verlegeart | A In wärmedämmenden Wänden | | B1 Auf oder in Wänden oder unter Putz, in Elektroinstallationsrohren oder -kanälen | | B2 | | C direkt verlegt | |
| | mehradrige Leitung in der Wand | | Aderleitungen, einadrige Mantelleitungen, mehradrige Leitung im Elektroinstallationsrohr im Mauerwerk[6] | | | | mehradrige Leitung, Stegleitung in der Wand oder unter Putz[7] | |
| Nennquerschnitt Kupferleiter mm² | Belastbarkeit in A | | | | | | | |
| 1,5 | 15,5[8] | 13 | 17,5 | 15,5 | 15,5 | 14 | 19,5 | 17,5 |
| 2,5 | 19,5 | 18 | 24 | 21 | 21 | 19 | 26 | 24 |
| 4 | 26 | 24 | 32 | 28 | 28 | 26 | 35 | 32 |
| 6 | 34 | 31 | 41 | 36 | 37 | 33 | 46 | 41 |
| 10 | 46 | 42 | 57 | 50 | 50 | 46 | 63 | 57 |
| 16 | 61 | 56 | 76 | 68 | 68 | 61 | 85 | 76 |
| 25 | 80 | 73 | 101 | 89 | 90 | 77 | 112 | 96 |
| 35 | 99 | 89 | 125 | 111 | 110 | 95 | 138 | 119 |

**Tabelle 5-9.** (Fortsetzung)

| 1 | 2 | 3 | 4 | 5 | 6 | 7 | 8 | 9 |
|---|---|---|---|---|---|---|---|---|
| Nennquerschnitt Kupferleiter mm² | | | | | | | | |
| 50 | 119 | 108 | 151 | 134 | – | – | – | – |
| 70 | 151 | 136 | 192 | 171 | – | – | – | – |
| 95 | 182 | 164 | 232 | 207 | – | – | – | – |
| 120 | 210 | 188 | 269 | 239 | – | – | – | – |
| Belastbarkeit nach IEC 364-5-523 Tabelle | 52-C1 | 52-C3 | 52-C1 | 52-C3 | 52-C1 | 52-C3 | 52-C1 | 52-C3 |
| Spalte | A | A | B | B | C·0,8 | C·0,8 | C | C |
| Umrechnungsfaktoren für | | Tabellen | | | | | | |
| abweichende Umgebungstemperatur | | | | 5-13 | | | | |
| Häufung | | | | 5-14 | | | | |
| Verlegung unter der Decke | | | | 5-14 | | | | |
| vieladrige Leitungen | – | 5-16 | | – | | 5-16 | – | 5-16 |

1) Auflistung der Bauart-Kurzzeichen mit Angaben, welchen Normen die Leitungen entsprechen, siehe DIN VDE 0298 Teil 3
2) Gilt auch für Aderleitungen im Elektroinstallationsrohr in geschlossenen Fußbodenkanälen
3) Gilt auch für Aderleitungen im Elektroinstallationsrohr in belüfteten Fußbodenkanälen
4) Gilt auch für mehradrige Leitung in offenen oder belüfteten Kanälen
5) Gilt auch für Aderleitungen, einadrige Mantelleitungen, mehradrige Leitung im Elektroinstallationskanal im Fußboden
6) Gilt auch für Aderleitungen im Elektroinstallationsrohr in der Decke
7) Gilt auch für mehradrige Leitung in der Decke
8) Siehe Erläuterungen

**Tabelle 5–10.** Belastbarkeit, Leitungen für feste Verlegung, Verlegearten E und F, frei in Luft (Auszug aus DIN VDE 0298 Teil 4, Tabelle 4)

| 1 | 2 | 3 |
|---|---|---|
| Isolierwerkstoff | PVC | |
| Bauart-Kurzzeichen[1] | NYM, NYMZ, NYMT, NYBUY, NHYRUZY | |
| Zulässige Betriebstemperatur | 70 °C | |
| Anzahl der belasteten Adern | 2 | 3 |
| Verlegeart | E | E |
| | $\geq 0,3d$ | $\geq 0,3d$ |
| Nennquerschnitt Kupferleiter mm$^2$ | Belastbarkeit in A | |
| 1,5 | 20 | 18,5 |
| 2,5 | 27 | 25 |
| 4 | 37 | 34 |
| 6 | 48 | 43 |
| 10 | 66 | 60 |
| 16 | 89 | 80 |
| 25 | 118 | 101 |
| 35 | 145 | 126 |
| Belastbarkeit nach IEC 364-5-523 Tabelle Spalte | 52-C1 C·1,05 | 52-C9 2 |
| Umrechnungsfaktoren für | Tabellen | |
| abweichende Umgebungs- temperatur | 5-13 | |
| Häufung | 5-15 | |
| vieladrige Leitungen | – | 5-16 |

[1] Auflistung der Bauart-Kurzzeichen mit Angaben, welchen Normen die Leitungen entsprechen, siehe DIN VDE 0298 Teil 3.

**Tabelle 5-11.** Betriebsbedingungen für flexible Leitungen mit Nennspannungen bis 1000 V (Auszug aus DIN VDE 0298 Teil 4, Tabelle 5)

| 1 | 2 |
|---|---|
| Vereinbarte Betriebsbedingungen | Abweichende Betriebsbedingungen |
| Betriebsart<br>Dauerbetrieb mit den Werten für die Belastbarkeit Tabelle 5-12 | – |
| Leitungsarten und Verlegebedingungen<br>- für einadrige, gummi-isolierte Leitungen, frei in Luft nach Tabelle 5-12, Spalte 2<br>- für einadrige, PVC-isolierte Leitungen, frei in Luft nach Tabelle 5-12, Spalte 3<br>- für mehradrige, gummi-isolierte Leitung mit zwei belasteten Adern auf Flächen liegend für z.B. Haus- oder Handgeräte nach Tabelle 5-12, Spalte 4<br>- für mehradrige, gummi-isolierte Leitung mit drei belasteten Adern auf Flächen liegend für z.B. Haus- oder Handgeräte nach Tabelle 5-12, Spalte 5 | Umrechnungsfaktoren<br>- für Häufung nach Tabelle 5-14 |
| - für mehradrige, gummi-isolierte Leitung mit drei belasteten Adern, auf oder an Flächen liegend (ausgenommen bei Verwendung für Haus- oder Handgeräte) nach Tabelle 5-12, Spalte 6 | Umrechnungsfaktoren<br>- für Häufung nach Tabelle 5-14<br>- für vieladrige Leitungen nach Tabelle 5-16 |
| - für mehradrige, PVC-isolierte Leitung mit zwei belasteten Adern auf Flächen liegend für z.B. Haus- oder Handgeräte nach Tabelle 5-12, Spalte 7<br>- für mehradrige, PVC-isolierte Leitung mit drei belasteten Adern auf Flächen liegend für z.B. Haus- oder Handgeräte nach Tabelle 5-12, Spalte 8 | Umrechnungsfaktoren<br>- für Häufung nach Tabelle 5-14 |
| - für mehradrige, PVC-isolierte Leitung mit drei belasteten Adern, auf oder an Flächen liegend (ausgenommen bei Verwendung für Haus- oder Handgeräte) nach Tabelle 5-12, Spalte 9 | Umrechnungsfaktoren<br>- für Häufung nach Tabelle 5-14<br>- für vieladrige Leitungen nach Tabelle 5-16 |
| Umgebungsbedingungen<br>Umgebungstemperatur 30 °C<br>Ausreichend große oder belüftete Räume, in denen die Umgebungstemperatur durch die Verlustwärme der Leitungen nicht merklich erhöht wird | Umrechnungsfaktoren<br>- für abweichende Umgebungstemperaturen nach den Tabellen 5-13 |
| Schutz gegen direkte Wärmebestrahlung durch Sonne usw. | |

**Tabelle 5-12.** Belastbarkeit, flexible Leitungen mit Nennspannungen bis 1000 V (Auszug aus DIN VDE 0298 Teil 4, Tabelle 6)

| 1 | 2 | 3 | 4 | 5 | 6 | 7 | 8 | 9 |
|---|---|---|---|---|---|---|---|---|
| Isolierwerkstoff | NR/SR | PVC | NR/SR | | | PVC | | |
| Bauart-Kurzzeichen | A05RN-F<br>H07RN-F | H05V-U[2]<br>H05V-K[2]<br>H07V-U[2]<br>H07V-R[2]<br>H07V-K[2]<br><br>NFYW[2] | H03RT-F<br>H05RR-F<br>A05RR-F<br>A05RRT-F<br>H05RN-F<br>A05RN-F<br>H07RN-F<br>A07RN-F | | NPL[2]<br>NIFLÖU[2]<br>NMHVÖU<br>NGFLÖU<br>NSHCÖU<br>NSHTÖU[3]<br><br>H05RND5-F<br>H05RT2D5-F<br>H07RND5-F<br>H07RT2D5-F<br>H07RN-F<br>A07RN-F | H03VH-Y[4]<br>H03VH-H<br>H03VV-F<br>H03VVH2-F<br>H05VV-F<br>H05VVH2-F | H03VV-F<br>H05VV-F | NYMHYV<br>NYSLYÖ<br>NYSLYCYÖ<br><br>H05VVH6-F<br>H05VVD3H6-F<br>H07VVH6-F<br>H07VVD3H6-F |
| Zulässige Betriebstemperatur | 60 °C | 70 °C | 60 °C | | | 70 °C | | |
| Anzahl der belasteten Adern | 1 | | 2 | 3 | 2 oder 3 | 2 | 3 | 2 oder 3 |
| Verlegeart | | | | | | | | |

95

**Tabelle 5-12.** (Fortsetzung)

| 1 | 2 | 3 | 4 | 5 | 6 | 7 | 8 | 9 |
|---|---|---|---|---|---|---|---|---|
| Nennquerschnitt Kupferleiter mm² | Belastbarkeit in A | | | | | | | |
| 0,5 | – | | 3 | 3 | – | 3 | 3 | – |
| 0,75 | 15 | | 6 | 6 | 12 | 6 | 6 | 12 |
| 1 | 19 | | 10 | 10 | 15 | 10 | 10 | 15 |
| 1,5 | 24 | | 16 | 16 | 18 | 16 | 16 | 18 |
| 2,5 | 32 | | 25 | 20 | 26 | 25 | 20 | 26 |
| 4 | 42 | | 32 | 25 | 34 | – | – | 34 |
| 6 | 54 | | 40 | – | 44 | – | – | 44 |
| 10 | 73 | | 63 | – | 61 | – | – | 61 |
| 16 | 98 | | – | – | 82 | – | – | 82 |
| 25 | 129 | | – | – | 108 | – | – | 108 |
| 35 | 158 | | – | – | 135 | – | – | – |
| 50 | 198 | | – | – | 168 | – | – | – |
| 70 | 245 | | – | – | 207 | – | – | – |
| 95 | 292 | | – | – | 250 | – | – | – |
| 120 | 344 | | – | – | 292 | – | – | – |
| 150 | 391 | | – | – | 335 | – | – | – |
| 185 | 448 | | – | – | 382 | – | – | – |
| 240 | 528 | | – | – | 453 | – | – | – |
| 300 | 608 | | – | – | 523 | – | – | – |
| 400 | 726 | | – | – | – | – | – | – |
| 500 | 830 | | – | – | – | – | – | – |
| Belastbarkeit nach: | DIN VDE 0298 Teil 4/02.88 | | HD 22.S2 Teil 1 | | DIN VDE 0298 Teil 4/02.88 | HD 21.S2 Teil 1 | | DIN VDE 0298 Teil 4/02.88 |

**Tabelle 5-12.** (Fortsetzung)

| 1 | 2 | 3 | 4 | 5 | 6 | 7 | 8 | 9 |
|---|---|---|---|---|---|---|---|---|
| Umrechnungs-faktoren für: | | | | | Tabellen | | | |
| abweichende Umgebungs-temperatur | | | | | 5–13 | | | |
| Häufung | 5–14[5)][6)] | | 5–14 | | | | | |
| vieladrige Leitungen | – | | | | 5–16 | – | | 5–16 |

[1] Auflistung der Bauart-Kurzzeichen mit Angaben, welcher Normen die Leitungen entsprechen, siehe DIN VDE 0298 Teil 3
[2] Leitungen für feste Verlegung
[3] Umrechnungsfaktoren für aufgewickelte Leitungen: Tabellen 14 nach [37]
[4] Belastbarkeit mit 0,2 A unabhängig von der Umgebungstemperatur
[5] Vor Anwendung der Umrechnungsfaktoren nach Tabelle 14 sind die Werte der Spalten 2 und 3 mit dem Faktor 0,95 umzurechnen
[6] Bei sich berührenden oder gebündelten Leitungen sind die Tabellenwerte der Spalten 2 und 3 mit 0,8 bei Einphasen- oder mit 0,7 bei Dreiphasen-Stromkreisen zu multiplizieren

**Tabelle 5–13.** Umrechnungsfaktoren für abweichende Umgebungstemperaturen
(Auszug aus DIN VDE 0298 Teil 4, Tabelle 10)

| 1 | 2 | 3 | 4 |
|---|---|---|---|
| Isolierwerkstoff | NR/SR | PVC | EPR |
| zulässige Betriebstemperatur | 60 °C | 70 °C | 80 °C |
| Umgebungstemperatur °C | Umrechnungsfaktoren | | |
| 10 | 1,29 | 1,22 | 1,18 |
| 15 | 1,22 | 1,17 | 1,14 |
| 20 | 1,15 | 1,12 | 1,10 |
| 25 | 1,08 | 1,06 | 1,05 |
| 30 | 1,00 | 1,00 | 1,00 |
| 35 | 0,91 | 0,94 | 0,95 |
| 40 | 0,82 | 0,87 | 0,89 |
| 45 | 0,71 | 0,79 | 0,84 |
| 50 | 0,58 | 0,71 | 0,77 |
| 55 | 0,41 | 0,61 | 0,71 |
| 60 | – | 0,50 | 0,63 |
| 65 | – | – | 0,55 |
| 70 | – | – | 0,45 |

**Tabelle 5-14.** Umrechnungsfaktoren für Häufung[1]; anzuwenden auf die Werte der Tabellen 5-9 und 5-12 (Auszug aus DIN VDE 0298 Teil 4, Tabelle 11)

| 1 | 2 | 3 | 4 | 5 | 6 | 7 | 8 | 9 | 10 | 11 | 12 | 13 | 14 | 15 | 16 |
|---|---|---|---|---|---|---|---|---|----|----|----|----|----|----|----|
| Anordnung | Anzahl der mehradrigen Leitungen oder Anzahl der Wechsel- oder Drehstromkreise aus einadrigen Leitungen (2 bzw. 3 stromführende Leiter) | | | | | | | | | | | | | | |
| | 1 | 2 | 3 | 4 | 5 | 6 | 7 | 8 | 9 | 10 | 12 | 14 | 16 | 18 | 20 |
| Gebündelt direkt auf der Wand, dem Fußboden, im Elektroinstallationsrohr oder -kanal, auf oder in der Wand | 1,00 | 0,80 | 0,70 | 0,65 | 0,60 | 0,57 | 0,54 | 0,52 | 0,50 | 0,48 | 0,45 | 0,43 | 0,41 | 0,39 | 0,38 |
| Einlagig auf der Wand oder Fußboden mit Berührung | 1,00 | 0,85 | 0,79 | 0,75 | 0,73 | 0,72 | 0,72 | 0,71 | 0,70 | | | | | | |
| Einlagig auf der Wand oder Fußboden, mit Zwischenraum gleich Leitungsdurchmesser | 1,00 | 0,94 | 0,90 | 0,90 | 0,90 | 0,90 | 0,90 | 0,90 | 0,90 | 0,90 | 0,90 | 0,90 | 0,90 | 0,90 | 0,90 |
| Einlagig unter der Decke, mit Berührung | 0,95 | 0,81 | 0,72 | 0,68 | 0,66 | 0,64 | 0,63 | 0,62 | 0,61 | | | | | | |

**Tabelle 5–14.** (Fortsetzung)

| 1 | 2 | 3 | 4 | 5 | 6 | 7 | 8 | 9 | 10 | 11 | 12 | 13 | 14 | 15 | 16 |
|---|---|---|---|---|---|---|---|---|----|----|----|----|----|----|----|
| Anordnung | Anzahl der mehradrigen Leitungen oder Anzahl der Wechsel- oder Drehstromkreise aus einadrigen Leitungen (2 bzw. 3 stromführende Leiter) | | | | | | | | | | | | | | |
| | 1 | 2 | 3 | 4 | 5 | 6 | 7 | 8 | 9 | 10 | 12 | 14 | 16 | 18 | 20 |
| Einlagig unter der Decke, mit Zwischenraum gleich Leitungsdurchmesser | 0,95 | 0,85 | 0,85 | 0,85 | 0,85 | 0,85 | 0,85 | 0,85 | 0,85 | 0,85 | 0,85 | 0,85 | 0,85 | 0,85 | 0,85 |

$d \mid d$

[1] Nach IEC TC 64 (Sec) 261, Ausgabe März 1979

Anmerkungen
- Bei Anwendung dieser Umrechnungsfaktoren auf die Werte in den Tabellen 5-9 und 5–12 müssen die Anzahl der belasteten Adern, die Art der Leitung und die Verlegeart übereinstimmen.
- Bei gemeinsamer Häufung von mehradrigen Leitungen mit zwei und drei belasteten Adern ist der Umrechnungsfaktor für die gesamte Anzahl der gehäuften Leitungen zu wählen und jeweils auf die Belastbarkeit für Leitungen mit zwei bzw. drei belasteten Adern anzuwenden.
- Sind in einer Häufung von einadrigen Leitungen n belastet, so ist der Umrechnungsfaktor für n/2 oder für n/3 Stromkreise zu bestimmen und auf die Belastbarkeit von 2 oder 3 belasteten Adern anzuwenden.
- ○ Symbol für eine einadrige oder eine mehradrige Leitung.

**Tabelle 5–15.** Umrechnungsfaktoren für Häufung[1]; anzuwenden auf die Werte der Tabelle 5-10 (Auszug aus DIN VDE 0298 Teil 4, Tabelle 12)

| Verlegeanordnung | | Anzahl der Pritschen | Anzahl der Leitungen | | | | | |
|---|---|---|---|---|---|---|---|---|
| | | | 1 | 2 | 3 | 4 | 6 | 9 |
| Unperforierte Kabelwannen[2] | | 1 | 0,97 | 0,84 | 0,78 | 0,75 | 0,71 | 0,68 |
| | | 2 | 0,97 | 0,83 | 0,76 | 0,72 | 0,68 | 0,63 |
| | | 3 | 0,97 | 0,82 | 0,75 | 0,71 | 0,66 | 0,61 |
| | | 6 | 0,97 | 0,81 | 0,73 | 0,69 | 0,63 | 0,58 |
| Perforierte Kabelwannen[2] | | 1 | 1,00 | 0,87 | 0,81 | 0,78 | 0,75 | 0,73 |
| | | 2 | 1,00 | 0,86 | 0,79 | 0,76 | 0,72 | 0,68 |
| | | 3 | 1,00 | 0,85 | 0,78 | 0,75 | 0,70 | 0,66 |
| | | 6 | 1,00 | 0,84 | 0,77 | 0,73 | 0,68 | 0,64 |
| | | 1 | 1,00 | 0,88 | 0,82 | 0,77 | 0,73 | 0,72 |
| | | 2 | 1,00 | 0,88 | 0,81 | 0,76 | 0,71 | 0,70 |
| | | 1 | 1,00 | 0,91 | 0,89 | 0,88 | 0,87 | – |
| | | 2 | 1,00 | 0,91 | 0,88 | 0,87 | 0,86 | – |
| Kabelpritschen[3] | | 1 | 1,00 | 0,88 | 0,83 | 0,81 | 0,79 | 0,78 |
| | | 2 | 1,00 | 0,86 | 0,81 | 0,78 | 0,75 | 0,73 |
| | | 3 | 1,00 | 0,85 | 0,79 | 0,76 | 0,73 | 0,70 |
| | | 6 | 1,00 | 0,83 | 0,76 | 0,73 | 0,69 | 0,66 |

[1] Nach IEC TC 64 (Sec) 261, Ausgabe März 1979
[2] Eine Kabelwanne ist eine fortlaufende Tragplatte mit hochgezogenen Seitenteilen, aber ohne Abdeckung.
Eine Kabelwanne wird als perforiert angesehen, wenn die Perforation mindestens 30% der Gesamtfläche beträgt.
[3] Eine Kabelpritsche ist eine Tragkonstruktion, bei der die Auflagefläche nicht mehr als 10% der Gesamtfläche dieser Konstruktion beträgt.
Symbol für eine mehradrige Leitung mit 2 oder 3 belasteten Adern.

**Tabelle 5-16.** Umrechnungsfaktoren für vieladrige Leitungen
mit Leiternennquerschnitten bis $10\,\text{mm}^2$ (Auszug aus DIN VDE 0298 Teil 4, Tabelle 13)

| 1 | 2 |
|---|---|
| Anzahl der belasteten Adern | Umrechnungsfaktor |
| 5 | 0,75 |
| 7 | 0,65 |
| 10 | 0,55 |
| 14 | 0,50 |
| 19 | 0,45 |
| 24 | 0,40 |
| 40 | 0,35 |
| 61 | 0,30 |

# 6 Maschinen, Transformatoren, Umformer

In der Gruppe 5 der DIN-VDE-Vorschriften sind Festlegungen spezieller Geräte, Einrichtungen und Betriebsmittel zusammengefaßt, die zum Erzeugen, Fortleiten, Verteilen, Speichern, Messen, Umsetzen und Verbrauchen elektrischer Energie verwendet werden. Dies sind die folgenden Bereiche:
- Umlaufende elektrische Maschinen (Generatoren und Motoren) nach DIN VDE 0530,
- Transformatoren und Drosselspulen nach DIN VDE 0532,
  Kleintransformatoren nach DIN VDE 0550,
  Sicherheitstransformatoren nach DIN VDE 0551,
- Halbleiter-Stromrichter nach DIN VDE 0558,
- Schweißeinrichtungen nach DIN VDE 0540,
- Akkumulatoren und Batterieanlagen nach DIN VDE 0510,
- Kondensatoren nach DIN VDE 0560.

Für diese Geräte, Einrichtungen und Betriebsmittel gilt, daß sie oft nach Kundenwünschen entwickelt und gefertigt werden, und daß daher die für sie geltenden Normen eine einheitliche Grundlage für die Bestellung und Abnahmeprüfung darstellen können. Da die Palette der möglichen Geräte, Einrichtungen und Betriebsmittel sehr vielfältig sein kann und grundsätzliche Angaben nur schwer herauszuarbeiten sind, ohne den Umfang und die Form des Buches erheblich zu verändern, wird dem Leser, wenn erforderlich, die weitere Auswertung nachfolgender Vorschriften empfohlen.

## 6.1 Umlaufende elektrische Maschinen

Für elektrische Maschinen gelten die Teile 1 bis 6, 8 und 9, 12, 15 und 16 sowie 20 bis 22 von DIN VDE 0530 [39]. Diese Norm basiert weitgehend auf der IEC 34 und ist anwendbar für

- alle umlaufende elektrische Maschinen (Generatoren, Motoren) ohne Einschränkung der Leistungen oder der Spannungen (Teil 1) **(Tabelle 6-1)**,
- Ermittlung der Verluste und des Wirkungsgrades von Maschinen (Teil 2),
- Anforderungen an Dreiphasen-Turbogeneratoren (Teil 3),
- Verfahren zur Ermittlung der Kenngrößen von Synchronmaschinen durch Messungen (Teil 4),
- Einteilung der Schutzarten durch Gehäuse für umlaufende elektrische Maschinen (Teil 5),
- Einteilung der Kühlmethoden umlaufender elektrischer Maschinen (Teil 6),
- Anschlußbezeichnungen und Drehsinn für Maschinen (Teil 8),
- Zusätzliche Geräuschgrenzwerte für Maschinen (Teil 9),

**Tabelle 6–1.** Umlaufende elektrische Maschinen; Zulässige Abweichungen von Bemessungsdaten (Auszug aus DIN VDE 0530 Teil 1)

| Nr. | Werte für | | Zulässige Abweichung |
|---|---|---|---|
| 1 | Wirkungsgrad[1] $\eta$ a) bei indirekter Ermittlung | $P_N \leq 50\,\text{kW}$ $P_N \geq 50\,\text{kW}$ | $-0,15\,(1-\eta)$ $-0,10\,(1-\eta)$ |
| | b) bei direkter Messung | | $-0,15\,(1-\eta)$ |
| 2 | Gesamtverluste[1] | $P_N > 50\,\text{kW}$ | $+10\%$ der Gesamtverluste |
| 3 | Leistungsfaktor $\cos \varphi$ von Induktionsmaschinen | | $-\dfrac{1-\cos\varphi}{6}$, mindestens 0,02, höchstens 0,07 |
| 4 | Drehzahl von a) nebenschluß- oder fremderregte Gleichstrommotoren bei Nennlast in betriebswarmem Zustand | $\dfrac{P_N^{2)}}{n/1000}$ $\leq 0,67$ $\geq 0,67$ bis $< 2,5$ $\geq 2,50$ bis $< 10,0$ $\geq 10,0$ | $\pm 15,0\%$ $\pm 10,0\%$ $\pm 7,5\%$ $\pm 5,0\%$ |
| | b) Gleichstrom-Reihenschlußmotoren bei Nennlast in betriebswarmem Zustand | $\dfrac{P_N^{2)}}{n/1000}$ $\leq 0,67$ $\geq 0,67$ bis $< 2,5$ $\geq 2,50$ bis $< 10,0$ $\geq 10,0$ | $\pm 20,0\%$ $\pm 15,0\%$ $\pm 10,0\%$ $\pm 7,5\%$ |
| | c) Gleichstrommotoren mit Doppelschlußwicklung bei Nennlast in betriebswarmem Zustand | | Zulässige Abweichungen nach b), wenn zwischen Hersteller und Betreiber nicht anders vereinbart |
| 5 | a) Schlupf von Induktionsmotoren (bei Nennlast und in betriebswarmem Zustand) – Maschinen mit einer Leistung $\geq 1\,\text{kW}$ (kVA) – Maschinen mit einer Leistung $\leq 1\,\text{kW}$ (kVA) | | $+20\%$ des gewährleisteten Schlupfes $+30\%$ des gewährleisteten Schlupfes |
| | b) Drehzahl von Drehstrom-Kommutatormotoren mit Nebenschlußverhalten bei Nennlast in betriebswarmem Zustand | | bei Höchstdrehzahl: $-3\%$ der synchronen Drehzahl bei Mindestdrehzahl: $+3\%$ der synchronen Drehzahl |

Tabelle 6-1. (Fortsetzung)

| Nr. | Werte für | Zulässige Abweichung |
|---|---|---|
| 6 | Spannungsänderung von Gleichstromgeneratoren mit Nebenschluß- oder Fremderregung für jeden Lastzustand | ±20% der gewährleisteten Spannungsänderung |
| 7 | Spannungsänderung von kompoundierten Generatoren, im Fall von Wechselstrom bei Nennleistungsfaktor | ±20% der gewährleisteten Spannungsänderung, mindestens ±3% der Nennspannung[3)] |
| 8 | Anzugsstrom von Käfigläufer-Induktionsmotoren in der vorgesehenen Anlaßschaltung | ±20% des gewährleisteten Anzugsstromes ohne Begrenzung nach unten |
| 9 | Stoßkurzschlußstrom von Synchrongeneratoren unter vereinbarten Bedingungen[4)] | ±30% des gewährleisteten Wertes |
| 10 | Dauerkurzschlußstrom von Wechselstromgeneratoren bei vereinbarter Erregung[4)] | ±15% des gewährleisteten Wertes |
| 11 | Drehzahländerung von Gleichstrommotoren mit Nebenschluß- oder Doppelschluß-Verhalten zwischen Leerlauf und Nennlast | ±20% der gewährleisteten Drehzahländerung, mindestens ±2% der Nenndrehzahl |
| 12 | Anzugsmoment von Induktionsmotoren | -15% und +25% des gewährleisteten Anzugsmomentes (+25% dürfen bei Vereinbarung überschritten werden) |
|  | a) Sattelmoment von Induktionsmotoren | -15% des gewährleisteten Wertes |
| 13 | Kippmoment von Induktionsmotoren | -10% des gewährleisteten Wertes mit der Einschränkung, daß nach Anwendung dieser zulässigen Abweichung das Kippmoment mindestens gleich dem 1,6fachen Nennmoment bzw. dem 1,5fachen Nennmoment ist |
| 14 | Trägheitsmoment | ±10% des gewährleisteten Wertes |
| 15 | Anzugsmoment von Synchronmotoren | -15% und +25% des gewährleisteten Anzugsmomentes (+25% dürfen bei Vereinbarung überschritten werden) |

**Tabelle 6–1.** (Fortsetzung)

| Nr. | Werte für | Zulässige Abweichung |
|---|---|---|
| 16 | Kippmoment von Synchronmotoren | – 10 % des gewährleisteten Wertes mit der Einschränkung, daß nach Anwendung der zulässigen Abweichung das Kippmoment mindestens gleich dem 1,35fachen bzw. dem 1,5fachen Nennmoment ist |
| 17 | Anzugsstrom von Synchronmotoren | + 20 % des gewährleisteten Wertes ohne untere Begrenzung |

[1] Bestimmung von Wirkungsgrad und Verlusten siehe DIN 57 530 Teil 2/VDE 0530 Teil 2.
[2] $P_N$ Leistung in kW; $n$ Drehzahl in $min^{-1}$.
[3] Diese zulässige Abweichung gilt für die größte Abweichung der bei irgendeiner Belastung gemessenen Spannung von einer Geraden, die (in einem Spannungs-Leistungs-Diagramm) die Punkte der gewährleisteten Spannung bei Leerlauf und Nennleistung verbindet.
[4] Für Turbogeneratoren siehe DIN 57 530 Teil 3/VDE 0530 Teil 3.

106

- Anlaufverhalten von Drehstrommotoren mit Käfigläufer (Teil 12),
- Bemessungsstoßspannungen für umlaufende Wechselstrommaschinen (Teil 15),
- Erregersysteme (Teil 16),
- Funktionelle Bewertung von Isoliersystemen für umlaufende elektrische Maschinen (Teile 20 bis 22).

## 6.2 Transformatoren und Drosselspulen

Nach DIN VDE 0532 [40] werden die Transformatoren unterschieden in die Gruppen
- Leistungstransformatoren,
- Spartransformatoren und
- Zusatztransformatoren

sowie die Drosselspulen in
- Kurzschluß-Drosselspulen, die den Strom bei Fehlern im Netz begrenzen,
- Parallel-Drosselspulen, die den Strom auf parallele Kreise verteilen,
- Kompensations-Drosselspulen, die den kapazitiven Strom kompensieren,
- Sternpunkt-Erdungsdrosselspulen, die den Erdschlußstrom begrenzen,
- Erdschlußlöschspulen, die den kapazitiven Erdschlußstrom kompensieren,
- Anlaßdrosselspulen und -transformatoren, die zur Herabsetzung des Anzugs-systems eingesetzt werden.

Gebräuchliche Schaltungen siehe **Bild 6–1** und Abweichungen von Bemessungs-daten siehe **Tabelle 6–2**.

Kleintransformatoren nach DIN VDE 0550 [41] sind Ein- und Dreiphasen-Trocken-transformatoren mit einer Nennleistung bis 16 kVA und Drosselspulen mit einer Nennleistung bis 32 kVA und für Nennspannungen bis 1000 V sowie Nennfrequen-zen bis 500 Hz auszulegen. Sie werden unterteilt in Trenn-, Isolier-, Steuer-, Netzan-schluß-, Spar- und Sicherheitstransformatoren.
Die Sicherheitstransformatoren werden nach DIN VDE 0551 [42] unterteilt in
- Spielzeugtransformatoren,
- Klingeltransformatoren,
- Handleuchtentransformatoren,
- Auftautransformatoren,
- Transformatoren für medizinische und zahnmedizinische Geräte.

Nach dem Anwendungszweck werden die Nennwerte in Sonderbestimmungen fest-gelegt, so dürfen z. B. bei Spielzeugtransformatoren die Nenn-Ausgangsspannung 24 V AC bzw. 24 x $\sqrt{2}$ DC, die Nennleistung 200 VA bzw. 200 W und die Nenn-Ein-gangsspannung 250 V nicht übersteigen.

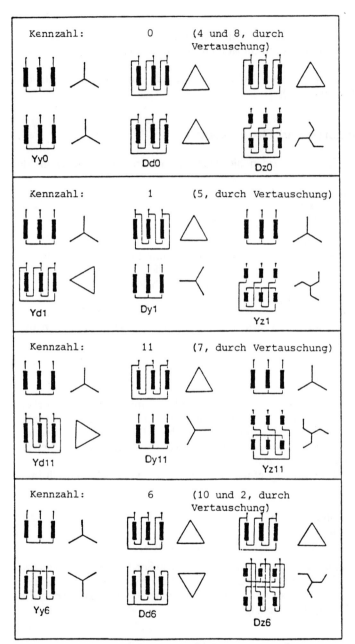

**Bild 6-1.** Gebräuchliche Schaltungen für Drehstromtransformatoren.
Vereinbarte Festlegung über die zeichnerische Darstellung (Auszug aus DIN VDE 0532 Teil 4)

**Tabelle 6–2.** Transformatoren und Drosselspulen;
Zulässige Abweichungen von Bemessungsdaten (Auszug aus DIN VDE 0532)

| Betreff | Zulässige Abweichung |
|---|---|
| 1. a) Gesamtverluste     siehe An-<br>   b) Leerlauf- bzw.     merkung 1<br>     Kurzschlußverluste | + 10 % der Gesamtverluste<br>+ 15 % der Leerlauf- bzw. Kurzschlußverluste<br>unter der Voraussetzung, daß die zulässige<br>Abweichung für die Gesamtverluste nicht<br>überschritten wird. |
| 2. Übersetzung im Leerlauf auf der Haupt-<br>anzapfung eines bestimmten ersten Wick-<br>lungspaars<br><br>Übersetzung auf anderen Anzapfungen<br>desselben Wicklungspaars<br>Übersetzung für andere Wicklungspaare | Der kleinere der beiden folgenden Werte:<br>a) $\pm$ 0,5 % der verbindlich angegebenen<br>Übersetzung<br>b) $\pm$ $^1/_{10}$ der gemessenen prozentualen<br>Kurzschlußimpedanz auf der Haupt-<br>anzapfung<br>Nach Vereinbarung<br><br>Nach Vereinbarung |
| 3. Kurzschlußimpedanz für:<br>  – einen Zweiwicklungstransformator<br>  – ein bestimmtes erstes Wicklungspaar<br>    eines Mehrwicklungstransformators<br><br>a) Hauptanzapfung<br><br><br><br>b) Jede andere Anzapfung des Wicklungs-<br>   paars | <br><br><br><br>Für Impedanzwerte $\geq$ 10 %:<br>$\pm$ 7,5 % des verbindlich angegebenen Wertes.<br>Für Impedanzwerte < 10 %:<br>$\pm$ 10 % des verbindlich angegebenen Wertes.<br>Für Impedanzwerte $\geq$ 10 %:<br>$\pm$ 10 % des verbindlich angegebenen Wertes.<br>Für Impedanzwerte < 10 %:<br>$\pm$ 15 % des verbindlich angegebenen Wertes. |
| 4. Kurzschlußimpedanz für:<br>  – ein Wicklungspaar eines Spartransfor-<br>    mators oder<br>  – ein bestimmtes zweites Wicklungspaar<br>    eines Mehrwicklungstransformators<br><br>a) Hauptanzapfung<br>b) Jede andere Anzapfung des Wick-<br>   lungspaars<br>  – weitere Wicklungspaare | <br><br><br><br><br>$\pm$ 10 % des verbindlich angegebenen Wertes.<br>$\pm$ 15 % des verbindlich angegebenen Wertes<br>für die betreffende Anzapfung<br>Nach Vereinbarung |
| 5. Leerlaufstrom | + 30 % des verbindlich angegebenen Wertes |

## 6.3 Halbleiter-Stromrichter

Stromrichter sind Einrichtungen zum Stromrichten mit. Stromrichterventilen, bestehend aus einem Stromrichtersatz (oder mehreren) sowie erforderlichenfalls Transformatoren, Steuersatz, Saugdrossel, Kommutierungseinrichtungen, Energiespeicher im Zwischenkreis, Vervielfacher-Kondensatoren und gegebenenfalls Siebmitteln sowie Hilfseinrichtungen. Sie werden unterschieden nach DIN VDE 0558 [43] nach ihrer Wirkungsweise als
- Netzgeführte, lastgeführte bzw. maschinengeführte Stromrichter (Teil 1),
- Selbstgeführte Stromrichter (Teil 2),
- Gleichstromsteller (Teil 3),
- unterbrechungsfreie Stromversorgungseinrichtungen (Teil 5),
- Schalter für eine unterbrechungsfreie Stromversorgung (Teil 6),

sowie spezielle Stromrichter nach DIN VDE 0559 [44] als
- Einphasen-Stromrichter auf Bahnfahrzeugen (Teil 1),
- Gleichstromsteller (Teil 4),
- Leistungsstromrichter mit mehrphasigem Ausgang auf Bahnfahrzeugen (Teil 5).

Bei Stromrichtern werden Strom und Spannung auf der Wechselstromseite als Effektivwerte, auf der Gleichstromseite als arithmetischer Mittelwert angegeben. Ein wesentliches Kennzeichen eines Stromrichters sind seine Strom-Spannungs-Kennlinien; Beispiele eines netzgeführten Doppel-Stromrichters als Vier-Quadrant-Stromrichter siehe **Bild 6-2**. Die benötigten Kenndaten für Stromrichterschaltungen, z. B. für Einzel-Stromrichter in Zweiwegschaltung, nach [43] werden in **Tabelle 6-3** aufgeführt.
Die zulässigen Grenzabweichungen elektrischer Größen von Halbleiter-Stromrichtern und ihrer Teile sind **Tabelle 6-4** zu entnehmen und bei der Prüfung im Nennbetrieb und betriebswarmen Zustand nachzuweisen. Der zeitliche Verlauf von Belastung und Übertemperatur bei den verschiedenen Betriebsarten ist im **Bild 6-3** dargestellt und beim Einsatz der Stromrichter zu beachten.

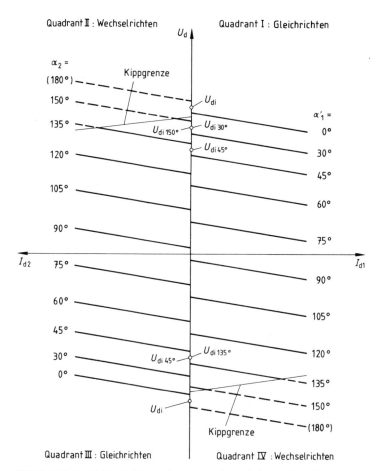

**Bild 6–2.** Beispiel für die Strom-Spannungs-Kennlinien auf der Gleichstromseite eines netzgeführten Doppel-Stromrichters (Vier-Quadrant-Stromrichter) (Auszug aus DIN VDE 0558 Teil 1)

**Tabelle 6–3.** Kenndaten für Stromrichterschaltungen
b) Einzel-Stromrichter in Zweiwegschaltung (Auszug aus DIN VDE 0558)

| Kennzeichen der Stromrichter-schaltung | | Zeigerbilder der Trans-formatorspannungen | | Prinzipschaltplan des Stromrichtersatzes und gegebenenfalls der Saugdrosseln | $p$ | $q$ | $s$ | $g$ | $\delta$ |
|---|---|---|---|---|---|---|---|---|---|
| IEC | DIN 41 761 | netzseitig | ventilseitig | | | | | | |
| 1 | 2 | 3 | 4 | 5 | 6 | 7 | 8 | 9 | 10 |
| 9 | B2 | | | | 2 | 2 | 2 | 1 | 2 |
| 10 | B6 | | | | 6 | 3 | 2 | 1 | 1 |
| 11 a | B6.2/15 | | | | 12 | 3 | 2 | 2 | 1 |
| 11 b | | wie in Schaltung 11 a, jedoch mit getrennten netzseitigen Wicklungen | | | 12 | 3 | 2 | 2 | 1 |
| 12 | B6.2/15 | | | | 12 | 3 | 2 | 2 | 1 |

| $\frac{U_{di}}{U_{v0}}$ | $\frac{U_{im}}{U_{di}}$ [$\frac{U_{i0m}}{U_{di}}$] | $\frac{I_{p\,eff}}{I_d}$ | $\frac{I_{p\,max}}{I_d}$ | $\frac{I_{p\,mittel}}{I_d}$ | $\frac{I_v}{I_d}$ | $\frac{I_{Li}}{I_d}$ | $\frac{S_{Li}}{U_{di}\cdot I_d}$ | $\frac{d_{xt}}{u_{xt}}$ | $w_{Ui}$ % |
|---|---|---|---|---|---|---|---|---|---|
| 11 | 12 | 13 | 14 | 15 | 16 | 17 | 18 | 19 | 20 |
| 0,900 | 1,571 | 0,707 (0,785) | 1,000 (1,571) | 0,500 | 1,000 (1,11) | 1,000 (1,11) | 1,11 (1,23) | 0,707 | 48,3 |
| 1,350 | 1,047 | 0,577 (0,580) | 1,000 (1,045) | 0,333 | 0,816 (0,820) | 0,816 (0,820) | 1,05 (1,06) | 0,500 | 4,2 |
| 1,350 | 1,047 | 0,289 | 0,500 | 0,167 | 0,408 | 0,789 | 1,01 | 0,52...0,26 | 1,03 |
| 1,350 | 1,047 | 0,289 | 0,500 | 0,167 | 0,408 | 0,789 | 1,01 | 0,518 | 1,03 |
| 1,350 | 1,047 (1,170) | 0,289 | 0,500 | 0,167 | 0,408 | 0,789 | 1,01 | 0,52...0,26 | 1,03 |

**Tabelle 6–3.** (Fortsetzung)

| Kennzeichen der Stromrichterschaltung | | Zeigerbilder der Transformatorspannungen | | Prinzipschaltplan des Stromrichtersatzes und gegebenenfalls der Saugdrosseln | $p$ | $q$ | $s$ | $g$ | $\delta$ |
|---|---|---|---|---|---|---|---|---|---|
| IEC | DIN 41 761 | netzseitig | ventilseitig | | | | | | |
| 1 | 2 | 3 | 4 | 5 | 6 | 7 | 8 | 9 | 10 |
| 13 a | B6.2S15 | | | | 12 | 3 | 4 | 2 | 1 |
| 13 b | | | wie Schaltung 13 a, jedoch mit getrennten netzseitigen Wicklungen | | 12 | 3 | 4 | 1 | 1 |

114

| $\dfrac{U_{di}}{U_{v0}}$ $[\dfrac{U_{i0m}}{U_{di}}]$ | $\dfrac{U_{im}}{U_{di}}$ | $\dfrac{I_{p\,eff}}{I_d}$ | $\dfrac{I_{p\,max}}{I_d}$ | $\dfrac{I_{p\,mittel}}{I_d}$ | $\dfrac{I_v}{I_d}$ | $\dfrac{I_{Li}}{I_d}$ | $\dfrac{S_{Li}}{U_{di}\cdot I_d}$ | $\dfrac{d_{xt}}{u_{xt}}$ | $w_{Ui}$ % |
|---|---|---|---|---|---|---|---|---|---|
| 11 | 12 | 13 | 14 | 15 | 16 | 17 | 18 | 19 | 20 |
| 2,701 | 0,524 | 0,577 | 1,000 | 0,333 | 0,816 | 1,578 | 1,01 | 0,52... 0,26 | 1,03 |
| 2,701 | 0,524 | 0,577 | 1,000 | 0,333 | 0,816 | 1,578 | 1,01 | 0,518 | 1,03 |

**Tabelle 6–4.** Stromrichter; Grenzabweichungen (Auszug aus DIN VDE 0558)

| Elektrische Größen | Grenzabweichungen vom nachzuweisenden Wert[1] |
|---|---|
| Verluste im Stromrichtersatz | + 10 % |
| Summe der Verluste in Transformatoren und Drosselspulen | + 10 % |
| Wirkungsgrad, indirekt ermittelt | - 0,1 (1-$\eta$), mindestens -0,002[4] |
| Wirkungsgrad, durch direkte Messung ermittelt | -0,2 (1-$\eta$), mindestens -0,002[4] |
| Grundschwingungs-Leistungsfaktor | -0,2 (1- cos $\varphi_1$)[4] |
| Induktive Gleichspannungsänderung bedingt durch den Transformator[2] | $\pm$ 10 % |
| Innere Spannungsänderung[2] | $\pm$ 15 % |
| Ausgangsspannung[2][3] | |
| für $U_N \leq 10\,\text{V}$ | $\pm$ 0,10 $U_N$[4] |
| für $U_N > 10\,\text{V}$ | $\pm$ (0,02 $U_N$ + 1 V)[4] |

[1] Die in % angegebenen Abweichungen sind auf den nachzuweisenden Wert bezogen.
[2] Für einphasig angeschlossene Geräte und Anlagen sind größere Abweichungen zuzulassen.
[3] Für stabilisierte Stromversorgungsgeräte ist der Bereich der Grenzabweichungen der Gleichspannung zu vereinbaren.
[4] Für $\eta$, cos $\varphi_1$ und $U_N$ sind hier die nachzuweisenden Werte einzusetzen.

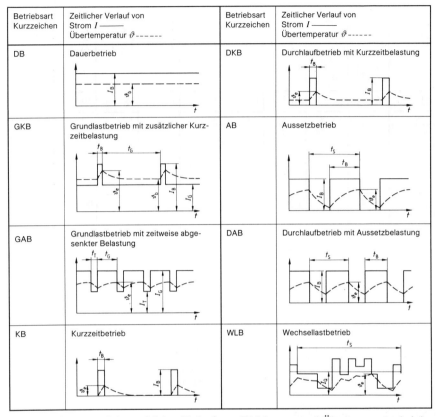

**Bild 6–3.** Grundsätzlicher zeitlicher Verlauf von Gleichstrom und Übertemperatur bei den verschiedenen Betriebsarten (Auszug aus DIN VDE 0558 Teil 1)

$I_G$ Grundlaststrom  
$I_B$ Strom während der Belastungsdauer (bei GKB Überstrom während der zusätzlichen Kurzzeitbelastung)  
$I_T$ Strom während der Teillastdauer  
$I_Q$ Quadratischer Mittelwert des Stromes  
$t_B$ Belastungsdauer (bei GKB Dauer der zusätzlichen Kurzzeitbelastung, Überstromdauer)

$t_T$ Teillastdauer  
$t_S$ Spieldauer (SD)  
$t_G$ Grundlastdauer  
$\vartheta_b$ Beharrungsübertemperatur  
$\vartheta_e$ Endübertemperatur

116

## 6.4 Schweißeinrichtungen

Schweißeinrichtungen bestehen aus der Gesamtheit aller Betriebsmittel zur Durchführung z. B. der Lichtbogen-, Widerstandsschweißung oder verwandter Verfahren. Dazu gehören die Stromquelle, die Elektroden und die zugehörige Steuerung. Für die verwendeten Schweißeinrichtungen und Betriebsmittel sind Sicherheitsanforderungen
– zum Lichtbogenschweißen nach DIN VDE 0544 Teil 1 (EN 60 974-1), Teil 100 bis Teil 102 [45 bis 48],
– zum Widerstandsschweißen nach DIN VDE 0545 Teil 1 (EN 50 063) [49]
einzuhalten. Für die Sicherheits- und Leistungsanforderungen sowie zum Bau und zur Prüfung von Schweißstromquellen zum Lichtbogenhandschweißen für begrenzten Betrieb gilt DIN VDE 0543 (EN 50 060) [50].
Schweißeinrichtungen gibt es als Ein- und Vielpunktschweißeinrichtungen. Zum Schutz gegen ein Isolationsverfahren zwischen Eingangs- und Ausgangsstromkreisen einschließlich der Werkstücke müssen Transformatoren der Schutzklasse II entsprechen oder gesonderte Maßnahmen nach [49] angewendet werden, wenn der Transformatorenkern berührbar ist. Beim Vielpunktschweißen mit Schutzmaßnahmen **(Bild 6-4** bis **Bild 6-11)** müssen Werkstück und Gegenelektrode gegen den Schutzleiter isoliert sein.
Die zulässigen Leerlaufspannungs-Bemessungswerte für Lichtbogenschweiß-Einrichtungen bei verschiedenen Betriebsbedingungen sind **Tabelle 6-5** zu entnehmen. Für die in **Tabelle 6-6** aufgeführten Strombemessungswerte sind Netzanschlußklemmen für die genannten Leiterquerschnittsbereiche vorzusehen.

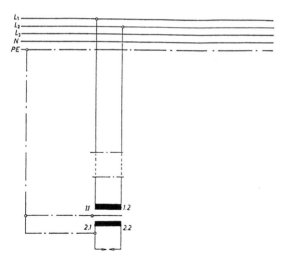

**Bild 6–4.** Schutzleiter direkt an Schweißstromkreis
(Auszug aus DIN VDE 0545 Teil 1)

117

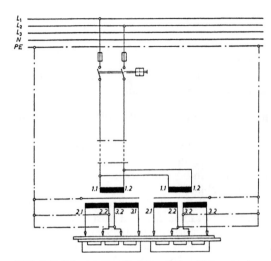

**Bild 6–5.** Schutzleiter direkt an Schweißstromkreise
(Auszug aus DIN VDE 0545 Teil 1)

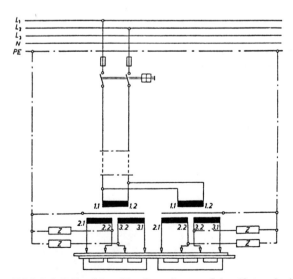

**Bild 6–6.** Schutzleiter über Impedanz an Schweißstromkreise
(Auszug aus DIN VDE 0545 Teil 1)

118

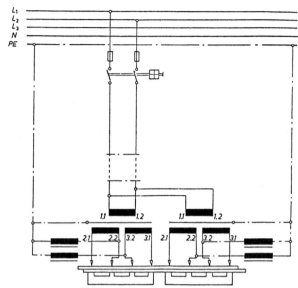

**Bild 6-7.** Schutzleiter über Sättigungsdrossel an Schweißstromkreise (Auszug aus DIN VDE 0545 Teil 1)

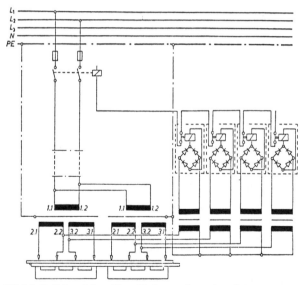

**Bild 6-8.** Schutzleiter über Sättigungsdrossel an Schweißstromkreise mit Auslösung des Hauptschalters (Auszug aus DIN VDE 0545 Teil 1)

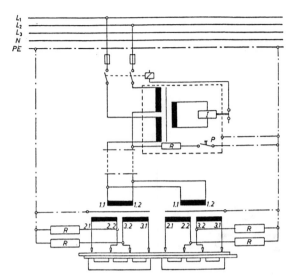

**Bild 6–9.** Fehlerstrom-Schutzschaltung (Auszug aus DIN VDE 0545 Teil 1)
I = Fehlerstromauslöser
P= Prüftaste

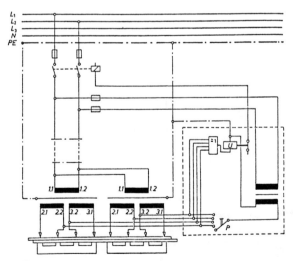

**Bild 6–10.** Fehlerspannungs-Schutzschaltung für Schweißstromkreise
(Auszug aus DIN VDE 0545 Teil 1)
U= Fehlerspannungsauslöser
P = Prüftaste

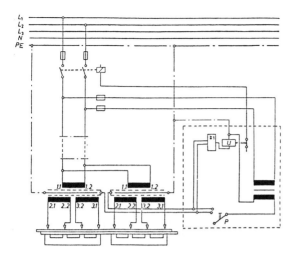

**Bild 6–11.** Fehlerspannungs-Schutzschaltung für metallischen Schutzschild
U= Fehlerspannungsauslöser
P = Prüftaste

**Tabelle 6–5.** Schweißeinrichtungen; Zusammenstellung der zulässigen Leerlaufspannungs-Bemessungswerte (Auszug aus VDE 0544)

| Nr. | Betriebsbedingungen | Leerlaufspannungs-Bemessungswert | |
|-----|---------------------|---------------------------|---|
| 1 | Erhöhte elektrische Gefährdung | Gleichstrom<br>Wechselstrom<br>und | 113 V Scheitelwert<br>68 V Scheitelwert<br>48 V Effektivwert |
| 2 | Ohne erhöhte elektrische Gefährdung | Gleichstrom<br>Wechselstrom<br>und | 113 V Scheitelwert<br>113 V Scheitelwert<br>80 V Effektivwert |
| 3 | Maschinell geführte Lichtbogen-brenner mit erhöhtem Schutz für den Schweißer | Gleichstrom<br>Wechselstrom<br>und | 141 V Scheitelwert<br>141 V Scheitelwert<br>100 V Effektivwert |
| 4 | Besondere Verfahren | Gleichstrom<br>Wechselstrom<br>und | 710 V Scheitelwert<br>710 V Scheitelwert<br>500 V Effektivwert |

**Tabelle 6–6.** Leiterquerschnittsbereich der Netzanschlußklemmen für Schweißeinrichtungen (Auszug aus VDE 0544)

| Größter Strom-Bemessungswert A | Leiterquerschnittsbereich mm² |
|---|---|
| 10 | 1,5 bis 2,5 |
| 16 | 1,5 bis 4 |
| 25 | 2,5 bis 6 |
| 35 | 4 bis 10 |
| 50 | 6 bis 16 |
| 63 | 10 bis 25 |
| 80 | 16 bis 35 |
| 100 | 25 bis 50 |
| 125 | 35 bis 70 |
| 160 | 50 bis 95 |
| 200 | 70 bis 120 |
| 250 | 95 bis 150 |
| 315 | 120 bis 240 |
| 400 | 150 bis 300 |

## 6.5 Akkumulatoren und Batterieanlagen

Akkumulatoren oder nicht wieder aufladbare Primärelemente sind Energiespeicher, die (zugeführte) elektrische Energie als chemische Energie speichern (laden) und bei Bedarf als elektrische Energie abgeben können. Eine Batterie besteht aus einer oder mehreren elektrisch miteinander verbundenen Akkumulatoren (Zellen). Ortsfeste Batterieanlagen dienen zur Energieversorgung elektrischer Verbraucher. Sie sind vorzugsweise innerhalb von Gebäuden oder anderweitig geschützt unterzubringen und umfassen die ortsfeste wieder aufladbare Batterie, Schalt- und Ladeeinrichtung und sind über feste Leitungsinstallationen mit den Verbrauchern verbunden. **Tabelle 6-7** zeigt die technisch wichtigsten Arten von galvanischen Sekundärelementen nach DIN VDE 0510 [51].

Ladeart und -verlauf werden von der Kennlinie der Ladeeinrichtung bestimmt. Die Kurzzeichen für diese Kennlinien und für das Umschalten zwischen Ladearten und das Abschalten sind:

| Kurzzeichen | Art der Kennlinie |
|---|---|
| I | Konstantstrom-Kennlinie |
| U | Konstantspannung-Kennlinie |
| W | Fallende Kennlinie |
| a | Selbsttätige Ausschaltung |
| O | Selbsttätiger Kennliniensprung (Umschaltung) |

**Tabelle 6-7.** Galvanische Sekundärelemente (Auszug aus DIN VDE 0510)

| System bzw. Benennung der Zelle oder Batterie | Kurz-zeichen | aktive Masse | | Nenn-spannung einer Zelle | Gasungs-spannung | Elektrolyt |
|---|---|---|---|---|---|---|
| | | positiv | negativ | V | V/Zelle | |
| Blei | Pb | $PbO_2$ | Pb | 2,0 | etwa 2,40 | verdünnte Schwefelsäure $d = {}^{2)}1,20$ bis 1,28 kg/l |
| Nickel/ Cadmium | Ni/Cd | NiOOH NiOOH | Cd Cd + Fe | 1,2 | etwa 1,55 | verdünnte Kalilauge $d = {}^{2)}1,17$ bis 1,30 kg/l |
| Nickel/Eisen | Ni/Fe | NiOOH | Fe | 1,2 | etwa 1,70 | verdünnte Kalilauge $d = {}^{2)}1,17$ bis 1,30 kg/l |
| Silber/Zink[1] | Ag/Zn | AgO | Zn | 1,5 | etwa 2,05 | verdünnte Kalilauge $d = {}^{2)}1,40$ kg/l |

[1] Dieses System wird vorwiegend auf Sondergebieten eingesetzt, z. B. für militärische Zwecke. Hierfür gelten besondere Vorschriften.
[2] d: Nenndichte bei Nenntemperatur (20 °C), bezogen auf die Dichte des Wassers bei 4 °C = 1,0 kg/l.

**Tabelle 6-8** zeigt die Auswahl und Anwendung der gebräuchlichen Kennlinien, von denen einige im **Bild 6-12** dargestellt sind. Häufig angewendete Betriebsarten sind im **Bild 6-13** dargestellt.

Wichtige Anforderungen an spezielle Batterieanlagen für Sicherheitszwecke können aus der **Tabelle 6-9** gemäß DIN VDE 0510 Teil 2 [52] entnommen werden. In ortsfesten Batterieanlagen nach den obengenannten VDE-Bestimmungen sind Maßnahmen zum Schutz gegen direktes Berühren und bei indirektem Berühren oder eine Kombination beider Arten nach DIN VDE 0100 Teil 410 anzuwenden. In Batterieanlagen muß ein Schutz gegen direktes Berühren aktiver Teile, z. B. mit Schutz durch Isolierung aktiver Teile oder Abdeckung bzw. Umhüllung, durch Hindernisse bzw. Abstand sichergestellt werden. Desgleichen muß eine Maßnahme zum Schutz bei indirektem Berühren unter den folgenden ausgewählt werden:
- Schutz durch Abschaltung oder Meldung,
- Schutzisolierung,
- Schutz durch nichtleitende Räume,
- Schutz durch erdfreien, örtlichen Potentialausgleich,
- Schutztrennung.

**Tabelle 6–8.** Gebräuchliche Kennlinien, Auswahl und Anwendung
(Auszug aus DIN VDE 0510)

| 1 | 2 | 3 | 4 | 5 |
|---|---|---|---|---|
| Lfd. Nr. | Bauart bzw. Ladung[1] | Kennlinien bei | | |
| | | langer Volladezeit (über 12 h) | mittlerer Volladezeit (9 bis 12 h) | kurzer Volladezeit (5 bis 9 h) |
| 1 | Blei-Starter-Batterien a Einzelladung | $W^{2)}$, I, IU | $W^{2)}$, I | |
| | b Sammelladung | $I^{3)}$, $IU^{4)}$ | $I^{5)}$ | |
| 2 | Blei-Batterien Bauart GiS, PzS, OPzS a Einzelladung | IU | Wa, $IUW^{6)}$ | WOWa, IUIa |
| | b Sammelladung | IU | | |
| 3 | Blei-Batterien Bauart Gro, GroE a Einzelladung | IU | Wa, IUW | WOWa, IUIa |
| | b Sammelladung | IU | | |
| 4 | Nickel-Cadmium-(Eisen)-Batterien Bauart R, T, TS, TP, TSP a Einzelladung | IU | Wa, Ia | $Ia^{7)}$ |
| | b Sammelladung | $IU^{8)}$ | $IU^{8)}$ | |
| 5 | Gasdichte und wartungsfreie Batterien | Es gelten die Betriebsanweisungen des Herstellers | | |

[1] Kurzzeichen der Zellenbauarten siehe Abschnitt 3.1.
[2] Nennstrom des Ladegerätes entsprechend DIN 41 774.
[3] Reihenschaltung mehrerer Batterien unterschiedlicher Zellenanzahl und -größe.
[4] Parallelladen einer größeren Anzahl Batterien gleicher Zellenanzahl, aber beliebiger Batteriegröße.
[5] Reihenschaltung mehrerer Batterien unterschiedlicher Zellenanzahl bei annähernd gleicher Kapazität.
[6] Bei überwachtem Laden Parallelschalten einiger Batterien möglich.
[7] Höhe des Stromes begrenzt durch Erwärmung.
[8] Bei ausreichender Größe des Gerätes 10 bis 12 h Ladedauer.

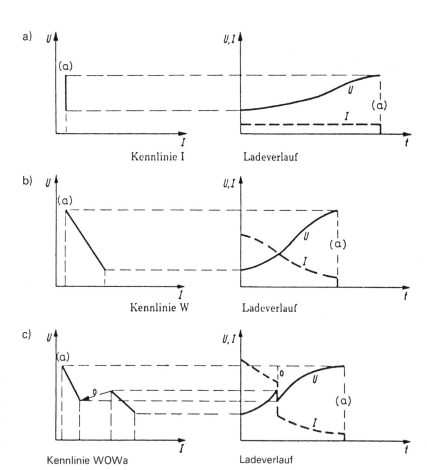

**Bild 6-12.** Auswahl gebräuchlicher Ladekennlinien (Auszug aus DIN VDE 0510)
a) Konstantstrom-Kennlinie
b) Fallende Kennlinie
c) WOWa-Kennlinie

125

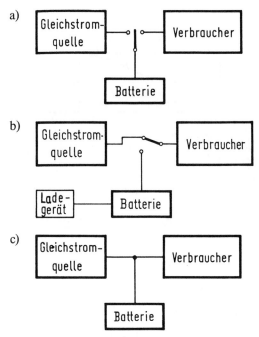

**Bild 6–13.** Betriebsarten für Batterieanlagen (Auszug aus DIN VDE 0510)
a) Lade-, Entladebetrieb
b) Umschaltbetrieb
c) Parallelbetrieb

Als Schutzeinrichtungen dürfen verwendet werden, sofern für Gleichstrom geeignet und als Schutz zulässig:
- Sicherungen der Reihe DIN VDE 0636 Teil 1,
- Leitungsschutzschalter nach DIN VDE 0641,
- Leistungsschalter mit Überstromauslöser nach DIN VDE 0660 Teil 101,
- für Gleichstrom geeignete FI-Schutzeinrichtungen bzw. Differentialschutzeinrichtungen (IT-Netz),
- Isolationsüberwachungseinrichtungen (IT-Netz),
- FU-Schutzeinrichtungen.

Desgleichen müssen in Batterieanlagen Vorrichtungen eingebaut werden, die es ermöglichen, die Batterieanlagen von allen zu- und abgehenden Stromkreisen sowie vom Erdpotential allpolig zu trennen. Solche Vorrichtungen können z. B. Trenner, Trennschalter, Steckvorrichtungen, austauschbare Sicherungen, Trennlaschen und Spezialklemmen, bei denen die Abtrennung des Leiters nicht erforderlich ist, sein. Für Räume, in denen Batterien zur Aufstellung gelangen, sind Vorkehrungen gegen Explosionsgefahr und gegen das Auftreten von Elektrolyten zu treffen.

126

**Tabelle 6–9.** Anforderungen an Batterieanlagen für Sicherheitszwecke (Auszug aus VDE 0510 Teil 2)

| | DIN VDE 0107 | | DIN VDE 0108 | | | | | DIN VDE 0883 Teil 1 |
|---|---|---|---|---|---|---|---|---|
| | Operations-leuchten | medizinische Geräte | Anlaß-batterien | Einzel-batterien | Gruppen-batterien | Zentral-batterien | Arbeitsstätten | Gefahr-meldeanlagen |
| Mindestbetriebsdauer der Batterie im Störfall (Nennbetriebsdauer) | 3 h*) | 3 h*) | 3mal 10 s Start 5 s Pause bei 5 °C | 3 h; 1 h bei Betrieb in Verbindung mit einem Ersatzstromaggregat | | | 1 h an Arbeitsstätten mit besonderer Gefährdung ≥ 1 min, mindestens jedoch für die Dauer der Gefährdung | 4 h 30 h 60 h |
| maximal zulässige Einschaltverzögerung auf Ersatzbetrieb im Störfall | 0,5 s | 15 s | 1 s in Anlagen mit großen Menschenansammlungen (z. B. Versammlungsstätten) 15 s in Anlagen mit geringeren Menschenansammlungen (z. B. Großgaragen, Hochhäuser) | | | | 15 s 0,5 s an Arbeitsstätten mit besonderer Gefährdung | 15 s |
| Wiederaufladung nach Netzwiederkehr | siehe DIN VDE 0107/06.81, Abschnitt 3*) | | Die Wiederaufladung erfolgt auf 90 % der Nennkapazität $C_N$ innerhalb der festgelegten Ladezeit | | | | | Die Wiederaufladung erfolgt auf 90 % $C_N$ innerhalb der festgelegten Ladezeit |
| festgelegte Ladezeit | ≤ 6 h | | 10 h | 20 h | 10 h | 10 h | 20 h | 24 h |

127

**Tabelle 6-9.** Fortsetzung)

| | DIN VDE 0107 | | DIN VDE 0108 | | | | | DIN VDE 0883 Teil 1 |
|---|---|---|---|---|---|---|---|---|
| | Operations-leuchten | medizinische Geräte | Anlaß-batterien | Einzel-batterien | Gruppen-batterien | Zentral-batterien | Arbeitsstätten | Gefahr-meldeanlagen |
| Ausmusterungs-kriterien nach Ablauf der Brauchbarkeits-dauer (Grenz-betriebsdauer) | bei Unterschreitung der Grenzbetriebsdauer von 3 h[*] | | Betriebs-kapazität $C_B$ < 80% $C_N$ | 2 h; 45 min bei Betrieb in Verbindung mit Ersatzstromaggregat | | | 45 min an Arbeits-stätten mit beson-derer Gefährdung ≥ 1 min, minde-stens jedoch für die Dauer der Gefährdung | $C_B$ < 80% $C_N$ |

[*] Zur Absicherung der Mindestbetriebszeiten der Batterien sind die errechneten Batteriekapazitäten um 20% $C_{10}$ zu vergrößern. Dadurch steht ausreichende Reservekapazität nach 6 h Wiederaufladung und eine Alterungsreserve zur Verfügung.

Batterieräume gelten nach [52] nicht als explosionsgefährdet, wenn Batterien darin so untergebracht sind, daß das beim Laden und Entladen entstehende Gasgemisch im umgebenden Raum durch natürliche oder technische (künstliche) Lüftung so verdünnt wird, daß es mit Sicherheit seine Explosionsfähigkeit verliert. Ein Beispiel für die Lüftung eines Batterieraumes zeigt **Bild 6-14**. Bei natürlicher Lüftung sollten die Richtwerte über die zulässige Stromstärke bei den einzelnen Betriebsarten gemäß **Tabelle 6-10** eingehalten werden.
Ist die Unterbringung der Batterieanlage in elektrischen Betriebsstätten bzw. abgeschlossenen elektrischen Betriebsstätten gefordert, gelten als solche

- besondere Räume für Batterien innerhalb von Gebäuden,
- besondere abgetrennte Betriebsstätten in Räumen, z. B. in Arbeitsstätten wie Büros, Maschinenräumen, Werkstätten,
- Schränke oder Behälter innerhalb oder außerhalb von Gebäuden,
- Batteriefächer in Geräten.

Die besonderen Anforderungen an diese Batterieräume innerhalb von Gebäuden und die Kennzeichnung sowie Bedienungsanleitung dieser Anlagen sind aus [52] zu entnehmen.

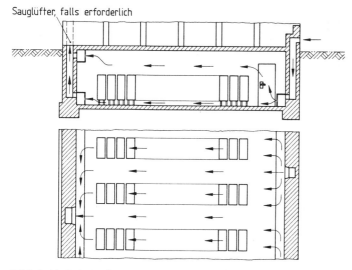

**Bild 6-14.** Beispiel für die Lüftung eines größeren Batterieraumes. Die tatsächliche Bauausführung braucht der bildlichen Darstellung nicht zu entsprechen. Die Pfeile geben die Richtung der Luftströmung an. (Auszug aus DIN VDE 0510 Teil 2)

**Tabelle 6-10.** Richtwerte für die Stromstärke $I$

| Lfd. Nr. | Betriebsart nach Abschnitt 2.2 | Ladekennlinie Bleibatterien | Stromstärke $I$ je 100 Ah Nennkapazität | Ladekennlinie NiCd-Batterien | Stromstärke $I$ je 100 Ah Nennkapazität |
|---|---|---|---|---|---|
| 1 | Batteriebetrieb | $W$-Kennlinie | $1/4\,I_N^{2)}$ | | |
| 2 | Batteriebetrieb | $IU$ bis 2,4 V/Zelle | 2 A | $IU$ bis 1,55 V/Zelle | 4 A |
| 3 | Umschaltbetrieb | $W$-Kennlinie | $1/4\,I_N^{2)}$ | $W$-Kennlinie | $1/4\,I_N^{2)}$ |
| 4 | Umschaltbetrieb[1)] | $IU$ bis 2,23 V/Zelle | 1 A | $IU$ bis 1,4 V/Zelle | 1 A |
| 5 | Bereitschaftsparallel-betrieb[1)] | $IU$ bis 2,23 V/Zelle | 1 A | $IU$ bis 1,4 V/Zelle | 1 A |
| 6 | Pufferbetrieb | $IU$ bis 2,4 V/Zelle | 2 A | $IU$ bis 1,55 V/Zelle | 4 A |

[1)] Ist auch gültig, wenn gelegentlich (etwa monatlich) eine Ladung nach $IU$-Kennlinie bis 2,4 V/Zelle bei Bleibatterien bzw. 1,55 V/Zelle bei NiCd-Batterien erfolgt.

[2)] $I_N$ = Nennstrom des W-Ladegerätes nach DIN 41 774 für Bleibatterien bzw. nach DIN 41 775 für NiCd-Batterien.

## 6.6 Kondensatoren und Kondensatorenanlagen

Kondensatoren sind nach DIN VDE 0560 [53] elektrische Betriebsmittel, die aus Isolierstoffen (Dielektrikum) und leitenden Belägen aufgebaut sind. Kondensatorbatterien bestehen aus mehreren Kondensatoreinheiten, die die bauliche Vereinigung von einem oder mehreren Kondensatorelementen, deren Gehäuse und Anschlüsse bilden. Die Kondensatorenanlage ist dagegen die Gesamtheit von Kondensatorbatterien, deren Schaltgeräte, Entladungsvorrichtungen und Verbindungsleitungen. Nach [53] werden die Betriebseigenschaften von Kondensatoren im wesentlichen durch die Größen Nennkapazität, Kapazitätstoleranz, Nennspannung, Nennfrequenz, Anwendungsklasse nach DIN 40040, Nennbetriebsart und Kühlungsart beschrieben. Die Auslegungen für die einzelnen Anwendungsbereiche, z. B. für Leistungskondensatoren bis und über 0,5 kvar, Kondensatoren für Entladungslampen, Hochspannungs-, Hochfrequenz- und Funkentstör-Kondensatoren, sind in den Teilen 2 bis 41 von DIN VDE 0560 festgelegt.

Als allgemeine Sicherheitsbestimmungen beim Einsatz von Kondensatoren gelten nach [53] z. B.:
– müssen Kondensatoren mehreren Teilbestimmungen zu Anlagen genügen, so sind sie nach den jeweils schärfsten Forderungen auszulegen und zu prüfen,
– beim Einsatz von separaten Sicherungen für Kondensatoren sind diese so zu bemessen und anzuordnen, daß sie bei einem Kurzschluß außerhalb der Kondensatoreinheit beim Betrieb mit den zulässigen Spannungen **nicht** abschaltet. Bei einem Durchschlag eines Elementes muß die zugehörige Sicherung jedoch ansprechen,
– Kondensatoren müssen in eingebautem Zustand beim ordnungsgemäßen Betrieb der Berührung entzogen werden und erhalten einen Schutzleiteranschluß nach DIN VDE 0100 Teil 540,
– werden Kondensatoren in Anlagen von 1 kV und darüber eingesetzt, ist der Anschluß einer Erdungsleitung mit einem Querschnitt nach DIN VDE 0141 [54] vorzusehen.

# 7  Anhang

**Tabelle 1-1.** SI Basiseinheiten (Auszug aus DIN 1301 Teil 1)

| Nr. | Größe | SI-Basiseinheit Name | Zeichen |
|-----|-------|------|---------|
| 1.1 | Länge | Meter | m |
| 1.2 | Masse | Kilogramm | kg |
| 1.3 | Zeit | Sekunde | s |
| 1.4 | elektrische Stromstärke | Ampere | A |
| 1.5 | thermodynamische Temperatur | Kelvin | K |
| 1.6 | Stoffmenge | Mol | mol |
| 1.7 | Lichtstärke | Candela | cd |

**Tabelle 1-2.** Abgeleitete SI-Einheiten mit besonderem Namen und mit besonderem Einheitenzeichen (Auszug aus DIN 1301 Teil 1)

| Nr. | Größe | SI-Einheit Name | Zeichen | Beziehung |
|-----|-------|------|---------|-----------|
| 2.1 | ebener Winkel | Radiant | rad | $1\ \mathrm{rad} = 1\ \dfrac{m}{m}$ |
| 2.2 | Raumwinkel | Steradiant | sr | $1\ \mathrm{sr} = 1\ \dfrac{m^2}{m^2}$ |
| 2.3 | Frequenz eines periodischen Vorganges | Hertz | Hz | $1\ \mathrm{Hz} = \dfrac{1}{s}$ |
| 2.4 | Aktivität einer radioaktiven Substanz | Becquerel | Bq | $1\ \mathrm{Bq} = \dfrac{1}{s}$ |
| 2.5 | Kraft | Newton | N | $1\ \mathrm{N} = 1\ \dfrac{J}{m} = 1\ \dfrac{m \cdot kg}{s^2}$ |
| 2.6 | Druck, mechanische Spannung | Pascal | Pa | $1\ \mathrm{Pa} = 1\ \dfrac{N}{m^2} = 1\ \dfrac{kg}{m \cdot s^2}$ |
| 2.7 | Energie, Arbeit, Wärmemenge | Joule | J | $1\ \mathrm{J} = 1\ \mathrm{N \cdot m} = 1\ \mathrm{W \cdot s} = 1\ \dfrac{m^2 \cdot kg}{s^2}$ |
| 2.8 | Leistung, Wärmestrom | Watt | W | $1\ \mathrm{W} = 1\ \dfrac{J}{s} = 1\ \dfrac{m^2 \cdot kg}{s^3}$ |

133

**Tabelle 1–2.** (Fortsetzung)

| Nr. | Größe | SI-Einheit Name | Zeichen | Beziehung |
|-----|-------|------|---------|-----------|
| 2.9 | Energiedosis | Gray | Gy | $1 \text{ Gy} = 1 \dfrac{J}{kg} = 1 \dfrac{m^2}{s^2}$ |
| 2.10 | Äquivalentdosis | Sievert | Sv | $1 \text{ Sv} = 1 \dfrac{J}{kg} = 1 \dfrac{m^2}{s^2}$ |
| 2.11 | elektrische Ladung, Elektrizitätsmenge | Coulomb | C | $1 \text{ C} = 1 \text{ A} \cdot \text{s}$ |
| 2.12 | elektrisches Potential, elektrische Spannung | Volt | V | $1 \text{ V} = 1 \dfrac{J}{C} = 1 \dfrac{m^2 \cdot kg}{s^3 \cdot A}$ |
| 2.13 | elektrische Kapazität | Farad | F | $1 \text{ F} = 1 \dfrac{C}{V} = 1 \dfrac{s^4 \cdot A^2}{m^2 \cdot kg}$ |
| 2.14 | elektrischer Widerstand | Ohm | $\Omega$ | $1 \ \Omega = 1 \dfrac{V}{A} = 1 \dfrac{m^2 \cdot kg}{s^3 \cdot A^2}$ |
| 2.15 | elektrischer Leitwert | Siemens | S | $1 \text{ S} = 1 \dfrac{1}{\Omega} = 1 \dfrac{s^3 \cdot A^2}{m^2 \cdot kg}$ |
| 2.16 | magnetischer Fluß | Weber | Wb | $1 \text{ Wb} = 1 \text{ V} \cdot \text{s} = 1 \dfrac{m^2 \cdot kg}{s^2 \cdot A}$ |
| 2.17 | magnetische Flußdichte, magnetische Induktion | Tesla | T | $1 \text{ T} = 1 \dfrac{Wb}{m^2} = 1 \dfrac{kg}{s^2 \cdot A}$ |
| 2.18 | Induktivität | Henry | H | $1 \text{ H} = 1 \dfrac{Wb}{A} = 1 \dfrac{m^2 \cdot kg}{s^2 \cdot A^2}$ |
| 2.19 | Celsius-Temperatur | Grad Celsius | °C | $1 \text{ °C} = 1 \text{ K}$ |
| 2.20 | Lichtstrom | Lumen | lm | $1 \text{ lm} = 1 \text{ cd} \cdot \text{sr}$ |
| 2.21 | Beleuchtungsstärke | Lux | lx | $1 \text{ lx} = 1 \dfrac{lm}{m^2} = 1 \dfrac{cd \cdot sr}{m^2}$ |

**Tabelle 1-3.** Allgemein anwendbare Einheiten außerhalb des SI (Auszug aus DIN 1301 Teil 1)

| Nr. | Größe | Einheiten-name | Einheiten-zeichen | Definition |
|-----|-------|----------------|-------------------|------------|
| 3.1 | ebener Winkel | Vollwinkel<br>Gon<br>Grad<br>Minute<br>Sekunde | [2]<br>gon<br>° [3]<br>′ [3]<br>″ [3] | 1 Vollwinkel $= 2\,\pi$ rad<br>1 gon $= (\pi/200)$ rad<br>$1° = (\pi/180)$ rad<br>$1' = (1/60)°$<br>$1'' = (1/60)'$ |
| 3.2 | Volumen | Liter | l, L [4] | $1\ l = 1\ dm^3 = 1\ L$ |
| 3.3 | Zeit | Minute<br>Stunde<br>Tag | min [3]<br>h [3]<br>d [3] | 1 min $= 60$ s<br>1 h $= 60$ min<br>1 d $= 24$ h |
| 3.4 | Masse | Tonne<br>Gramm | t<br>g | $1\ t = 10^3\ kg = 1\ Mg$<br>$1\ g = 10^{-3}\ kg$ |
| 3.5 | Druck | Bar | bar | $1\ bar = 10^5\ Pa$ |

[2] Für diese Einheit ist international noch kein Zeichen genormt.
[3] Nicht mit Vorsätzen verwenden.
[4] Die beiden Einheitenzeichen für Liter sind gleichberechtigt.

**Tabelle 1–4.** Vorsätze und Vorsatzzeichen für dezimale Teile und Vielfache von Einheiten (»SI-Vorsätze«) (Auszug aus DIN 1301 Teil 1)

| Nr. | Vorsatz | Vorsatzzeichen | Faktor, mit dem die Einheit multipliziert wird |
|-----|---------|----------------|-----------------------------------------------|
| 5.1 | Atto | a | $10^{-18}$ |
| 5.2 | Femto | f | $10^{-15}$ |
| 5.3 | Piko | p | $10^{-12}$ |
| 5.4 | Nano | n | $10^{-9}$ |
| 5.5 | Mikro | µ | $10^{-6}$ |
| 5.6 | Milli | m | $10^{-3}$ |
| 5.7 | Zenti | c | $10^{-2}$ |
| 5.8 | Dezi | d | $10^{-1}$ |
| 5.9 | Deka | da | $10^{1}$ |
| 5.10 | Hekto | h | $10^{2}$ |
| 5.11 | Kilo | k | $10^{3}$ |
| 5.12 | Mega | M | $10^{6}$ |
| 5.13 | Giga | G | $10^{9}$ |
| 5.14 | Tera | T | $10^{12}$ |
| 5.15 | Peta | P | $10^{15}$ |
| 5.16 | Exa | E | $10^{18}$ |

**Tabelle 1-5.** Formelzeichen für Länge und ihre Potenzen (Auszug aus DIN 1304 Teil 1)

| Nr. | Formel-zeichen | Bedeutung | SI-Einheit | Bemerkung |
|---|---|---|---|---|
| 1.1 | $x, y, z,$ $x_1, x_2, x_3$ | kartesische (orthonormierte) Koordinaten | m | siehe DIN 4895 Teil 1 und Teil 2 |
| 1.2 | $\varrho, \varphi, z$ | Kreiszylinder-Koordinaten | m, rad, m | siehe DIN 4895 Teil 1 und Teil 2 |
| 1.3 | $r, \vartheta, \varphi$ | Kugel-Koordinaten | m, rad, rad | siehe DIN 4895 Teil 1 und Teil 2 |
| 1.4 | $\alpha, \beta, \gamma, \vartheta, \varphi$ | ebener Winkel, Drehwinkel (bei Drehbewegungen) | rad | $\alpha$ nicht gleichzeitig mit Nr. 2.16 anwenden. rad = m/m = 1 |
| 1.5 | $\Omega, \omega$ | Raumwinkel | sr | sr = $m^2/m^2$ = 1 |
| 1.6 | $l$ | Länge | m | |
| 1.7 | $b$ | Breite | m | |
| 1.8 | $h$ | Höhe, Tiefe | m | |
| 1.9 | $H$ | Höhe über dem Meeresspiegel, Höhe über Normal-Null | m | |
| 1.10 | $\delta, d$ | Dicke, Schichtdicke | m | |
| 1.11 | $r$ | Radius, Halbmesser, Abstand | m | |
| 1.12 | $\delta_x, \delta_y, \delta_z$ $\xi, \eta, \zeta$ | Auslenkung, Ausschlag, Verschiebung | m | |
| 1.13 | $f$ | Durchbiegung, Durchhang | m | |
| 1.14 | $d, D$ | Durchmesser | m | |
| 1.15 | $s$ | Weglänge, Kurvenlänge | m | |
| 1.16 | $A, S$ | Flächeninhalt, Fläche, Oberfläche | $m^2$ | |
| 1.17 | $S, q$ | Querschnittsfläche, Querschnitt | $m^2$ | |
| 1.18 | $V$ | Volumen, Rauminhalt | $m^3$ | |

**Tabelle 1-6.** Formelzeichen für Raum und Zeit (Auszug aus DIN 1304 Teil 1)

| Nr. | Formel-zeichen | Bedeutung | SI-Einheit | Bemerkung |
|---|---|---|---|---|
| 2.1 | $t$ | Zeit, Zeitspanne, Dauer | s | |
| 2.2 | $T$ | Periodendauer, Schwingungsdauer | s | |
| 2.3 | $\tau, T$ | Zeitkonstante | s | auch Abklingzeit |
| 2.4 | $f, v$ | Frequenz, Periodenfrequenz | Hz | $f = 1/T$, $T$ nach Nr. 2.2 |
| 2.5 | $f_0$ | Kennfrequenz, Eigenfrequenz im ungedämpften Zustand | Hz | |
| 2.6 | $f_d$ | Eigenfrequenz bei Dämpfung | Hz | |
| 2.7 | $\omega$ | Kreisfrequenz, Pulsatanz (Winkelfrequenz) | $s^{-1}$ | $\omega 3 = 2\,\pi f$, Einheit auch rad/s |
| 2.8 | $\omega_0$ | Kennkreisfrequenz | $s^{-1}$ | $\omega_0 = 2\,\pi f_0$, Einheit auch rad/s |
| 2.9 | $\omega_d$ | Eigenkreisfrequenz bei Dämpfung | $s^{-1}$ | $\omega_d = \sqrt{\omega_0^2 - \delta^2}$, Einheit auch rad/s $\omega_d = 2\,\pi f_d$ |
| 2.10 | $\delta$ | Abklingkoeffizient | $s^{-1}$ | |
| 2.11 | $\sigma$ | Anklingkoeffizient, Wuchskoeffizient | $s^{-1}$ | $\sigma = -\delta$ |
| 2.12 | $\underline{p}, \underline{s}$ | komplexer Anklingkoeffizient | $s^{-1}$ | $\underline{p} = \sigma + j\omega$, siehe DIN 5483 Teil 3 |
| 2.13 | $\vartheta$ | Dämpfungsgrad | 1 | $\vartheta = \delta/\omega_0$, siehe DIN 1311 Teil 2 |
| 2.14 | $\eta, f_r$ | Umdrehungsfrequenz, (Drehzahl) | $s^{-1}$ | Kehrwert der Dauer einer Umdrehung |
| 2.15 | $\Omega, \varOmega$ | Winkelgeschwindigkeit, Drehgeschwindigkeit | rad/s | |
| 2.16 | $\alpha$ | Winkelbeschleunigung, Drehbeschleunigung | rad/s$^2$ | |
| 2.17 | $\lambda$ | Wellenlänge | m | |
| 2.18 | $\sigma$ | Repetenz, (Wellenzahl) | $m^{-1}$ | $\sigma = 1/\lambda$ |
| 2.19 | $k$ | Kreisrepetenz, (Kreiswellenzahl) | $m^{-1}$ | $k = 2\,\pi/\lambda = 2\,\pi\sigma$, Einheit auch rad/m |

**Tabelle 1–6.** (Fortsetzung)

| Nr. | Formel-zeichen | Bedeutung | SI-Einheit | Bemerkung |
|-----|-----|-----|-----|-----|
| 2.20 | $\alpha$ | Dämpfungskoeffizient, Dämpfungsbelag | $m^{-1}$ | Eine Norm hierüber ist in Vorbereitung |
| 2.21 | $\beta$ | Phasenkoeffizient Phasenbelag | $m^{-1}$ | Einheit auch rad/m |
| 2.22 | $\gamma$ | Ausbreitungskoeffizient | $m^{-1}$ | $\gamma = \alpha + j\beta$, siehe DIN 5483 Teil 3 |
| 2.23 | $v, u, w, c$ | Geschwindigkeit | m/s | |
| 2.24 | $c$ | Ausbreitungsgeschwindigkeit einer Welle | m/s | im leeren Raum: $c_0$ siehe auch Nr. 7.19 |
| 2.25 | $a$ | Beschleunigung | $m/s^2$ | |
| 2.26 | $g$ | örtliche Fallbeschleunigung | $m/s^2$ | $g_n$ Normalfall-beschleunigung $g_n = 9{,}80665\ m/s^2$ |
| 2.27 | $r, h$ | Ruck | $m/s^3$ | |
| 2.28 | $q_v, V$ | Volumenstrom, Volumendurchfluß | $m^3/s$ | |

**Tabelle 1–7.** Formelzeichen für Mechanik (Auszug aus DIN 1304 Teil 1)

| Nr. | Formel-zeichen | Bedeutung | SI-Einheit | Bemerkung |
|-----|----------------|-----------|------------|-----------|
| 3.1 | $m$ | Masse, Gewicht als Wägeergebnis | kg | siehe DIN 1305 |
| 3.2 | $m'$ | längenbezogene Masse, Massenbelag, Massenbehang | kg/m | $m' = m/l$ |
| 3.3 | $m''$ | flächenbezogene Masse, Massenbedeckung | kg/m$^2$ | $m'' = m/A$ |
| 3.4 | $\varrho$, $\varrho_\mathrm{m}$ | Dichte, Massendichte, volumenbezogene Masse | kg/m$^3$ | $\varrho = m/V$, siehe DIN 1306 $\varrho_\mathrm{m}$, wenn gleichzeitig Nr. 4.4 oder Nr. 4.38 angewendet wird |
| 3.5 | $d$ | relative Dichte | 1 | siehe DIN 1306 |
| 3.6 | $v$ | spezifisches Volumen, massenbezogenes Volumen | m$^3$/kg | $v = V/m$ |
| 3.7 | $q_\mathrm{m}$, $m$ | Massenstrom, Massendurchsatz | kg/s | |
| 3.8 | $I$ | Massenstromdichte | kg/(m$^2 \cdot$s) | $I = \dfrac{m}{S} = \varrho \cdot v$, siehe DIN 5491 $S$ nach Nr. 1.17 $v$ nach Nr. 2.23 |
| 3.9 | $J$ | Trägheitsmoment, Massenmoment 2. Grades | kg$\cdot$m$^2$ | früher: Massen-trägheitsmoment |
| 3.10 | $i$, $r_\mathrm{i}$ | Trägheitsradius | m | |
| 3.11 | $F$ | Kraft | N | |
| 3.12 | $F_\mathrm{G}$, $G$ | Gewichtskraft | N | siehe DIN 1305 |
| 3.13 | $G$, $f$ | Gravitationskonstante | N$\cdot$m$^2$/kg$^2$ | $F = G \dfrac{m_1 \cdot m_2}{r^2}$ mit $G = 6{,}67259 \cdot 10^{-11}$ m$^3$kg$^{-1}$s$^{-2}$ [1] $r$ nach Nr. 1.11 $F$ hier Gravitationskraft |
| 3.14 | $M$ | Kraftmoment, Drehmoment | N$\cdot$m | in ISO 31/3 : 1978 auch $T$ |
| 3.15 | $M_\mathrm{T}$, $T$ | Torsionsmoment, Drillmoment | N$\cdot$m | |

**Tabelle 1–7.** (Fortsetzung)

| Nr. | Formel-zeichen | Bedeutung | SI-Einheit | Bemerkung |
|---|---|---|---|---|
| 3.16 | $M_b$ | Biegemoment | $N \cdot m$ | |
| 3.17 | $p$ | Bewegungsgröße, Impuls | $kg \cdot m/s$ | $p = \int v \, dm$ |
| 3.18 | $I$ | Kraftstoß | $N \cdot s =$ $kg \cdot m/s$ | $I = \Delta p = \int F dt$ $= p\,(t_2) - p\,(t_1)$ |
| 3.19 | $L$ | Drall, Drehimpuls | $kg \cdot m^2/s$ | $L = \int w \, dJ$ |
| 3.20 | $H$ | Drehstoß | $N \cdot m \cdot s =$ $kg \cdot m^2/s$ | $H = \Delta L = \int M \, dt$ $= L(t_2) - L\,(t_1)$ |
| 3.21 | $p$ | Druck | $Pa$ | siehe DIN 1314 |
| 3.22 | $P_{abs}$ | absoluter Druck | $Pa$ | siehe DIN 1314 |
| 3.23 | $P_{amb}$ | umgebender Atmosphärendruck | $Pa$ | siehe DIN 1314 |
| 3.24 | $P_e$ | atmosphärische Druck-differenz, Überdruck | $Pa$ | $P_e = P_{abs} - P_{amb}$, siehe DIN 1314 |
| 3.25 | $\sigma$ | Normalspannung, Zug- oder Druckspannung | $N/m^2$ | siehe DIN 13 316 |
| 3.26 | $\tau$ | Schubspannung | $N/m^2$ | siehe DIN 13 316 |
| 3.27 | $\varepsilon$ | Dehnung, relative Längenänderung | $1$ | $\varepsilon = \Delta l / l$, $l$ nach Nr. 1.6 |
| 3.28 | $\varepsilon_q$ | Querdehnung | $1$ | $\varepsilon_q = \dfrac{\Delta d}{d}$ bei Kreisquerschnitt $d$ nach Nr. 1.14 |
| 3.29 | $\mu, \nu$ | Poisson-Zahl | $1$ | $\mu = -\varepsilon_q / \varepsilon$ |
| 3.30 | $\vartheta, e$ | relative Volumenänderung, Volumendilatation | $1$ | $\vartheta = \Delta V / V$ |
| 3.31 | $\gamma$ | Schiebung, Scherung | $1$ | siehe DIN 13 316 |
| 3.32 | $\Theta, x$ | Drillung, Verwindung | $rad/m$ | Torsionswinkel $\varphi$ durch Länge $l$: $\Theta = \varphi / l$ |
| 3.33 | $D$ | Direktionsmoment, winkel-bezogenes Rückstellmoment | $N \cdot m/rad$ | Torsionsmoment $T$ durch Torsionswinkel $\varphi$: $D = T/\varphi$ |
| 3.34 | $E$ | Elastizitätsmodul | $N/m^2$ | $E = \sigma / \varepsilon$ $\sigma$ nach Nr. 3.25, $\varepsilon$ nach Nr. 3.27 |

**Tabelle 1-7.** (Fortsetzung)

| Nr. | Formel-zeichen | Bedeutung | SI-Einheit | Bemerkung |
|---|---|---|---|---|
| 3.35 | $G$ | Schubmodul | N/m$^2$ | $G = \tau/\gamma$<br>$\tau$ nach Nr. 3.26,<br>$\gamma$ nach Nr. 3.31 |
| 3.36 | $K$ | Kompressionsmodul | N/m$^2$ | $K = -p/\vartheta = \sigma/\vartheta$, $p$<br>nach Nr. 3.21,<br>$u$ nach Nr. 3.30,<br>$\sigma$ nach Nr. 3.25 |
| 3.37 | $X_r$, $x$ | isothermische Kompressibilität | Pa$^{-1}$ | $X_T = -\dfrac{1}{V}\left(\dfrac{\partial V}{\partial p}\right)_T$,<br>$T$ nach Nr. 5.1 |
| 3.38 | $XS$ | isentropische Kompressibilität | Pa$^{-1}$ | $X_S = -\dfrac{1}{V}\left(\dfrac{\partial V}{\partial p}\right)_S$<br>$p$ nach Nr. 3.21,<br>$U$ nach Nr. 5.28,<br>$S$ nach Nr. 5.24 |
| 3.39 | $\mu$, $f$ | Reibungszahl | 1 | $\mu = F_R/F_N$<br>$F_R$ Reibungskraft,<br>$F_N$ Normalkraft<br>siehe DIN 50 281 und<br>DIN 13 317 |
| 3.40 | $\eta$ | dynamische Viskosität | Pa$\cdot$s | siehe DIN 1342 Teil 2 |
| 3.41 | $v$ | kinematische Viskosität | m$^2$/s | $v = \eta/\varrho$<br>$\varrho$ nach Nr. 3.4,<br>$\eta$ nach Nr. 3.40<br>siehe DIN 1342 Teil 2 |
| 3.42 | $\sigma$, $\gamma$ | Grenzflächenspannung, Oberflächenspannung | N/m | |
| 3.43 | $H$ | Flächenmoment 1. Grades | m$^3$ | |
| 3.44 | $W$ | Widerstandsmoment | m$^3$ | |
| 3.45 | $I$ | Flächenmoment 2. Grades | m$^4$ | früher: Flächen-trägheitsmoment |
| 3.46 | $W$, $A$ | Arbeit | J | |
| 3.47 | $E$, $W$ | Energie | J | |
| 3.48 | $E_p$, $W_p$ | potentielle Energie | J | |
| 3.49 | $E_k$, $W_k$ | kinetische Energie | J | |

**Tabelle 1–7.** (Fortsetzung)

| Nr. | Formel-zeichen | Bedeutung | SI-Einheit | Bemerkung |
|-----|------|-----------|-----------|-----------|
| 3.50 | $w$ | Energiedichte, volumen-bezogene Energie | $J/m^3$ | |
| 3.51 | $Y$ | spezifische Arbeit, massenbezogene Arbeit | $J/kg$ | |
| 3.52 | $P$ | Leistung | W | |
| 3.53 | $\varphi$ | Leistungsdichte, volumenbezogene Leistung | $W/m^3$ | $\varphi = w/t$, $w$ nach Nr. 3.50 $t$ nach Nr. 2.1 |
| 3.54 | $\eta$ | Wirkungsgrad | 1 | Leistungsverhältnis |
| 3.55 | $\zeta$ | Arbeitsgrad, Nutzungsgrad | 1 | Arbeitsverhältnis, Energieverhältnis |

**Tabelle 1–8.** Formelzeichen für Elektrizität und Magnetismus (Auszug aus DIN 1304 Teil 1)

| Nr. | Formel-zeichen | Bedeutung | SI-Einheit | Bemerkung |
|---|---|---|---|---|
| 4.1 | $Q$ | elektrische Ladung, Elektrizitätsmenge | C | siehe DIN 1324 Teil 1 |
| 4.2 | $e$ | Elementarladung | C | Ladung eines Protons $e = 1{,}60217733 \cdot 10^{-19}\,\text{C}$ 49 |
| 4.3 | $\sigma$ | Flächenladungsdichte, Ladungsbedeckung | C/m$^2$ | siehe DIN 1324 Teil 1 |
| 4.4 | $\varrho, \varrho_e, \eta$ | Raumladungsdichte, Ladungsdichte, volumen-bezogene Ladung | C/m$^3$ | $\varrho_e$, wenn gleichzeitig Nr. 3.4 oder Nr. 3.38 verwendet wird. Siehe DIN 1324 Teil 1 |
| 4.5 | $\psi, \psi_e$ | elektrischer Fluß | C | siehe DIN 1324 Teil 1 |
| 4.6 | $D$ | elektrische Flußdichte | C/m$^2$ | siehe DIN 1324 Teil 1 |
| 4.7 | $P$ | elektrische Polarisation | C/m$^2$ | $P = D - \varepsilon_0 \cdot E$ $= \chi_e \cdot \varepsilon_0 \cdot E$ siehe DIN 1324 Teil 1 |
| 4.8 | $P, P_e$ | elektrisches Dipolmoment | C·m | $p = \int P \, dV,$ siehe DIN 1324 Teil 1 |
| 4.9 | $\varphi, \varphi_e$ | elektrisches Potential | V | siehe DIN 1324 Teil 1 nach ISO 31/5 : 1979 und IEC 27-1 : 1971 |
| 4.10 | $U$ | elektrische Spannung elektrische Potentialdifferenz | V | siehe DIN 5483 Teil 2, nach ISO 31/5 : 1979 und IEC 27-1 : 1971 ist auch das Formel-zeichen $V$ zulässig |
| 4.11 | $E$ | elektrische Feldstärke | V/m | siehe DIN 1324 Teil 1 |
| 4.12 | $C$ | elektrische Kapazität | F | $C = Q/U$ $Q$ nach Nr. 4.1, $U$ nach Nr. 4.10 |
| 4.13 | $\varepsilon$ | Permittivität | F/m | $E = D/E$ $D$ nach Nr. 4.6, $E$ nach Nr. 4.11 siehe DIN 1324 Teil 2 (früher: Dielektrizi-tätskonstante) |

**Tabelle 1–8.** (Fortsetzung)

| Nr. | Formel-zeichen | Bedeutung | SI-Einheit | Bemerkung |
|-----|----------------|-----------|------------|-----------|
| 4.14 | $\varepsilon_0$ | elektrische Feldkonstante | F/m | Permittivität des leeren Raumes $\varepsilon_0 = 1\ (\mu_0 \cdot c_0^2)$ $= 8{,}854\,187\,817\ \mathrm{pF/m}$ $\mu_0$ nach Nr. 4.28, $c_0$ nach Nr. 7.19 siehe DIN 1324 Teil 1 |
| 4.15 | $\varepsilon_r$ | Permittivitätszahl, relative Permittivität | 1 | $\varepsilon_r = \varepsilon/\varepsilon_0$, siehe DIN 1324 Teil 2 (früher: Dielektrizi-tätszahl) |
| 4.16 | $\chi_e, \chi$ | elektrische Suszeptibilität | 1 | $\chi_e = \dfrac{\varepsilon - \varepsilon_0}{\varepsilon_0} = \varepsilon_r - 1$ siehe DIN 1324 Teil 2 |
| 4.17 | $I$ | elektrische Stromstärke | A | siehe DIN 5483 Teil 2 |
| 4.18 | $J$ | elektrische Stromdichte | $\mathrm{A/m^2}$ | $J = I/S$, $S$ nach Nr. 1.17, $I$ nach Nr. 4.17 |
| 4.19 | $\Theta$ | elektrische Durchflutung | A | siehe DIN 1324 Teil 1 |
| 4.20 | $V, V_m$ | magnetische Spannung | A | siehe DIN 1324 Teil 2 nach ISO 31/5 : 1979 und IEC 27-1 : 1971 $U_m$ |
| 4.21 | $H$ | magnetische Feldstärke | A/m | siehe DIN 1324 Teil 1 |
| 4.22 | $\Phi$ | magnetischer Fluß | Wb | siehe DIN 1324 Teil 1 |
| 4.23 | $B$ | magnetische Flußdichte, (magnetische Induktion) | T | $B = \Phi/S$, $S$ nach Nr. 1.17 siehe DIN 1324 Teil 1 |
| 4.24 | $A, A_m$ | magnetisches Vektorpotential | Wb/m | siehe DIN 1324 Teil 1 |
| 4.25 | L | Induktivität, Selbstinduktivität | H | |
| 4.26 | $L_{mn}$ | gegenseitige Induktivität | H | für $L_{mn}$ wurde früher $M$ verwendet |
| 4.27 | $\mu$ | Permeabilität | H/m | $\mu = B/H$, siehe DIN 1324 Teil 2 |

**Tabelle 1–8.** (Fortsetzung)

| Nr. | Formel-zeichen | Bedeutung | SI-Einheit | Bemerkung |
|---|---|---|---|---|
| 4.28 | $\mu_0$ | magnetische Feldkonstante | H/m | Permeabilität des leeren Raumes $\mu_0 = 4\pi\ 10^{-7}$ H/m $= 1{,}256\,637\,061\ \mu$ H/m siehe DIN 1324 Teil 1 |
| 4.29 | $\mu_r$ | Permeabilitätszahl, relative Permeabilität | 1 | $\mu_r = \mu/\mu_0$, siehe DIN 1324 Teil 2 |
| 4.30 | $\chi_m$, $\varkappa$ | magnetische Suszeptibilität | 1 | $\chi_m = \dfrac{\mu-\mu_0}{\mu_0} = \mu_r -1$ siehe DIN 1324 Teil 2 |
| 4.31 | $H_i$, $M$ | Magnetisierung | A/m | $M = B/\mu_0 - H = \chi_m H$ siehe DIN 1324 Teil 1 |
| 4.32 | $B_i$, $J$ | magnetische Polarisation | T | $J = B-\mu_0\cdot H = \mu_0\cdot M$ siehe DIN 1324 Teil 1 |
| 4.33 | $m$ | elektromagnetisches Moment, magnetisches Flächenmoment | $A\cdot m^2$ | $m = \dfrac{M}{B}$ $M$ nach Nr. 3.14, $B$ nach Nr. 4.23 siehe DIN 1324 Teil 1 |
| 4.34 | $R_m$ | magnetischer Widerstand, Reluktanz | $H^{-1}$ | |
| 4.35 | $A$ | magnetischer Leitwert, Permeanz | H | |
| 4.36 | $R$ | elektrischer Widerstand, Wirkwiderstand, Resistanz | $\Omega$ | |
| 4.37 | $G$ | elektrischer Leitwert, Wirkleitwert, Kondutanz | S | |
| 4.38 | $\varrho$ | spezifischer elektrischer Widerstand, Resistivität | $\Omega\cdot m$ | $1\ \Omega\cdot m = 1\ \Omega\cdot m^2/m$ $= 10^6\ \Omega\cdot mm^2/m$ |
| 4.39 | $\gamma$, $\sigma$, $\varkappa$ | elektrische Leitfähigkeit, Konduktivität | S/m | $\gamma = 1/\varrho$, $\varrho$ nach Nr. 4.38 $1\ S/m = 1\ S\cdot m/m^2$ $= 10^{-6}\ S\cdot m/mm^2$ |
| 4.40 | $X$ | Blindwiderstand, Reaktanz | $\Omega$ | |
| 4.41 | $B$ | Blindleitwert, Suszeptanz | S | |

**Tabelle 1–8.** (Fortsetzung)

| Nr. | Formel-zeichen | Bedeutung | SI-Einheit | Bemerkung |
|---|---|---|---|---|
| 4.42 | $\underline{Z}$ | Impedanz (komplexe Impedanz) | $\Omega$ | $\underline{Z} = R + \mathrm{j}X$ |
| 4.43 | $Z, \|\underline{Z}\|$ | Scheinwiderstand Betrag der Impedanz | $\Omega$ | $Z = \sqrt{R^2 + X^2}$ |
| 4.44 | $\underline{Y}$ | Admittanz (komplexe Admittanz) | S | $\underline{Y} = 1/\underline{Z} = G + \mathrm{j}B^{3)}$, $B$ nach Nr. 4.41 $G$ nach Nr. 4.37 |
| 4.45 | $Y, \|\underline{Y}\|$ | Scheinleitwert, Betrag der Admittanz | S | $Y = \sqrt{G^2 + B^2}{}^{\;3)}$ $B$ nach Nr. 4.41 $G$ nach Nr. 4.37 |
| 4.46 | $Z_\mathrm{w}, \Gamma$ | Wellenwiderstand | $\Omega$ | |
| 4.47 | $Z_0, \Gamma_0$ | Wellenwiderstand des leeren Raumes | $\Omega$ | $Z_0 = \sqrt{\mu_0/\varepsilon_0} = \mu_0 \cdot c_0 =$ $\dfrac{1}{\varepsilon_0 \cdot c_0} = 376{,}730\,313\ \Omega$ $\mu_0$ nach Nr. 4.28, $c_0$ nach Nr. 7.19, $\varepsilon_0$ nach Nr. 4.14 |
| 4.48 | $W$ | Energie, Arbeit | J | |
| 4.49 | $P, P_\mathrm{p}$ | Wirkleistung | W | siehe DIN 40 110 |
| 4.50 | $Q, P_\mathrm{q}$ | Blindleistung | W | siehe DIN 40 110 Einheit auch var |
| 4.51 | $S, P_\mathrm{s}$ | Scheinleistung | W | siehe DIN 40 110 Einheit auch VA Auch hier ist zwischen der komplexen Schein-leistung und ihrem Betrag zu unter-scheiden (siehe Nr. 4.42 und Nr. 4.43). |
| 4.52 | $S$ | elektromagnetische Energie-stromdichte, elektromagne-tische Leistungsdichte, Poynting-Vektor | W/m$^2$ | $S = E \cdot H$ |
| 4.53 | $\varphi\,(t)$ | Phasenwinkel | rad | siehe DIN 1311 Teil 1 |

**Tabelle 1–8.** (Fortsetzung)

| Nr. | Formel-zeichen | Bedeutung | SI-Einheit | Bemerkung |
|---|---|---|---|---|
| 4.54 | $\varphi$ | Phasenverschiebungswinkel | rad | auch Winkel der Impedanz $\underline{Z} = Z \cdot e^{\varphi}$, $\underline{Z}$ nach Nr. 4.42, $Z$ nach Nr. 4.43 siehe DIN 40 110 |
| 4.55 | $\sigma_\varepsilon$ | Permittivitäts-Verlustwinkel | rad | |
| 4.56 | $\sigma_\mu$ | Permeabilitäts-Verlustwinkel | rad | |
| 4.57 | $\lambda$ | Leistungsfaktor | 1 | $\lambda = P/S$ $P$ nach Nr. 4.49, $S$ Nr. 4.51, $\lambda = \cos \varphi$ $\varphi$ nach Nr. 4.54 siehe DIN 40 110 |
| 4.58 | $d$ | Verlustfaktor | 1 | $d = P/\lvert Q \rvert$ $P$ nach Nr. 4.49, $Q$ nach Nr. 4.50, $d = \tan \delta$ $\delta$ nach Nr. 4.55 oder Nr. 4.56 siehe DIN 40 110 |
| 4.59 | $\sigma$ | Eindringtiefe, äquivalente Leitschichtdicke | m | siehe Nr. 1.10 |
| 4.60 | $g$ | Grundschwingungsgehalt | 1 | siehe DIN 40 110 |
| 4.61 | $k$ | Oberschwingungsgehalt, Klirrfaktor | 1 | siehe DIN 40 110 |
| 4.62 | $F$ | Formfaktor | 1 | siehe DIN 40 110 |
| 4.63 | $m$ | Anzahl der Phasen, Anzahl der Stränge | 1 | siehe DIN 40 110 siehe DIN 40 108 |
| 4.64 | $N$ | Windungszahl | 1 | |
| 4.65 | $k$ | Kopplungsgrad | 1 | $k = L_{12}/\sqrt{L_1 \cdot L_2}$ $L$ nach Nr. 4.25, $L_{12}$ nach Nr. 4.26 |

**Tabelle 1–9.** Formelzeichen für Thermodynamik und Wärmeübertragung (Auszug aus DIN 1304 Teil 1)

| Nr. | Formel-zeichen | Bedeutung | SI-Einheit | Bemerkung |
|---|---|---|---|---|
| 5.1 | $T$, $\Theta$ | Temperatur, thermodynamische Temperatur | K | |
| 5.2 | $\Delta T$, $\Delta t$, $\Delta\vartheta$ | Temperaturdifferenz | K | siehe DIN 13 346 |
| 5.3 | $t$, $\vartheta$ | Celsius-Temperatur | °C | $t = T - T_0$, siehe DIN 13 346 $T_0 = 273{,}15$ K |
| 5.4 | $\alpha_{1\gamma}$ | (thermischer) Längenausdehnungkoeffizient | $K^{-1}$ | $\alpha_1 = \dfrac{1}{l}\cdot\dfrac{\mathrm{d}l}{\mathrm{d}T}$, $l$ nach Nr. 1.6 |
| 5.5 | $\alpha_{V,\gamma}$ | (thermischer) Volumenausdehnungkoeffizient | $K^{-1}$ | $\alpha_V = \dfrac{1}{V}\cdot\dfrac{\mathrm{d}V}{\mathrm{d}T}$, $V$ nach Nr. 1.18 |
| 5.6 | $\alpha_p$ | (thermischer Spannungskoeffizient | $K^{-1}$ | $\alpha_p = \dfrac{1}{p}\cdot\dfrac{\mathrm{d}l}{\mathrm{d}T}$, $p$ nach Nr. 3.21 |
| 5.7 | $Q$ | Wärme, Wärmemenge | J | |
| 5.8 | $\omega_{\mathrm{th}}$ | Wärmedichte, volumenbezogene Wärme | $J/m^3$ | siehe Nr. 3.50 |
| 5.9 | $\Phi_{\mathrm{th}}$, $\Phi$, $Q$ | Wärmestrom | W | |
| 5.10 | $q_{\mathrm{th}}$, $q$ | Wärmestromdichte | $W/m^2$ | |
| 5.11 | $R_{\mathrm{th}}$ | thermischer Widerstand, Wärmewiderstand | K/W | $R_{\mathrm{th}} = \dfrac{\Delta\vartheta}{\Phi_{\mathrm{th}}}$, $\Delta\vartheta$ nach Nr. 5.2 |
| 5.12 | $G_{\mathrm{th}}$ | thermischer Leitwert, Wärmeleitwert | W/K | $G_{\mathrm{th}} = \dfrac{1}{R_{\mathrm{th}}}$, $R_{\mathrm{th}}$ nach Nr. 5.11 |
| 5.13 | $\varrho_{\mathrm{th}}$ | spezifischer Wärmewiderstand | $K\cdot m/W$ | $\varrho_{\mathrm{th}} = \dfrac{1}{\lambda}$, $\lambda$ nach Nr. 5.14 |
| 5.14 | $\lambda$ | Wärmeleitfähigkeit | $W/(m\cdot K)$ | siehe DIN 1341 |
| 5.15 | $\alpha$, $h$ | Wärmeübergangskoeffizient | $W/(m^2\cdot K)$ | siehe DIN 1341 |
| 5.16 | $k$ | Wärmedurchgangskoeffizient | $W/(m^2\cdot K)$ | siehe DIN 1341 |
| 5.17 | $a$ | Temperaturleitfähigkeit | $m^2/s$ | siehe DIN 1341 |

**Tabelle 1–9.** (Fortsetzung)

| Nr. | Formel-zeichen | Bedeutung | SI-Einheit | Bemerkung |
|-----|------|-----------|-----------|-----------|
| 5.18 | $C_{th}$ | Wärmekapazität | J/K | |
| 5.19 | $c$ | spezifische Wärmekapazität, massenbezogene Wärme-kapazität | $J/(kg \cdot K)$ | $c = C_{th}/m$ <br> $C_{th}$ nach Nr. 5.18, <br> $m$ nach Nr. 3.1 |
| 5.20 | $c_p$ | spezifische Wärmekapazität bei konstantem Druck | $J/(kg \cdot K)$ | |
| 5.21 | $c_V$ | spezifische Wärmekapazität bei konstantem Volumen | $j/(kg \cdot K)$ | |
| 5.22 | $\gamma$ | Verhältnis der spezifischen Wärmekapazitäten | 1 | $\gamma = c_p/c_V$ |
| 5.23 | $\varkappa$ | Isentropenexponent | 1 | $\varkappa = -\dfrac{V}{p}\left(\dfrac{\partial p}{\partial V}\right)_s,$ <br> $S$ nach Nr. 5.24 <br> Für ideale Gase ist <br> $\varkappa = \gamma,$ <br> $\gamma$ nach Nr. 5.22 |

**Tabelle 1–10.** Formelzeichen für Licht und verwandte elektromagnetische Strahlungen (Auszug aus DIN 1304 Teil 1)

| Nr. | Formel-zeichen | Bedeutung | SI-Einheit | Bemerkung |
|---|---|---|---|---|
| 7.1 | $Q_e$, $W$ | Strahlungsenergie, Strahlungsmenge | J | siehe DIN 5496, DIN 5031 Teil 1 |
| 7.2 | $w$, $u$ | Strahlungsenergiedichte, volumenbezogene Strahlungsenergie | $J/m^3$ | siehe DIN 5496 Teil 2 |
| 7.3 | $\Phi_e$, $P$ | Strahlungsleistung, Strahlungsfluß | W | siehe DIN 5496, DIN 5031 Teil 1 |
| 7.4 | $E_{e0,\psi}$ | Strahlungsflußdichte, Raumbestrahlungsstärke | $W/m^2$ | siehe DIN 5031 Teil 1, DIN 6814 Teil 2 |
| 7.5 | $I_e$ | Strahlstärke | W/sr | siehe DIN 5496, DIN 5031 Teil 1 |
| 7.6 | $L_e$ | Strahldichte | $W/(sr \cdot m^2)$ | siehe DIN 5496, DIN 5031 Teil 1 |
| 7.7 | $M_e$ | spezifische Ausstrahlung | $W/m^2$ | siehe DIN 5496. DIN 5031 Teil 1 |
| 7.8 | $E_e$ | Bestrahlungsstärke | $W/m^2$ | siehe DIN 5496, DIN 5031 Teil 1 |
| 7.9 | $H_e$ | Bestrahlung | $J/m^2$ | $H_e = E_e \cdot t$, $t$ nach 2.1 siehe DIN 5031 Teil 1 |
| 7.10 | $I_v$ | Lichtstärke | cd | siehe DIN 5031 Teil 3 |
| 7.11 | $\Phi_v$ | Lichtstrom | lm | siehe DIN 5031 Teil 3 1 lm = 1 cd $\cdot$ sr |
| 7.12 | $Q_v$ | Lichtmenge | lm $\cdot$ s | siehe DIN 5031 Teil 3 |
| 7.13 | $L_v$ | Leuchtdichte | $cd/m^2$ | siehe DIN 5031 Teil 3 |
| 7.14 | $M_v$ | spezifische Lichtausstrahlung | $lm/m^2$ | siehe DIN 5031 Teil 3 |
| 7.15 | $E_v$ | Beleuchtungsstärke | lx | siehe DIN 5031 Teil 3 1 lx = 1 $lm/m^2$ |
| 7.16 | $H_v$ | Belichtung | lx $\cdot$ s | $H_v = E_v \cdot t$, $t$ nach Nr. 2.1 siehe DIN 5031 Teil 3 |
| 7.17 | $\eta$ | Lichtausbeute | lm/W | $\eta = \Phi_v/P$, $P$ nach Nr. 4.49 siehe DIN 5031 Teil 4 |

**Tabelle 1–10.** (Fortsetzung)

| Nr | Formel-zeichen | Bedeutung | SI-Einheit | Bemerkung |
|---|---|---|---|---|
| 7.18 | $K$ | photometrisches Strahlungs-äquivalent | lm/W | $K = \Phi_v/\Phi_e$, $\Phi_v$ nach Nr. 7.11, $\Phi_e$ nach Nr. 7.3 siehe DIN 5031 Teil 4 |
| 7.19 | $c_0$ | Lichtgeschwindigkeit im leeren Raum | m/s | $c_0 = 2{,}99792458 \cdot 10^8$ m/s |
| 7.20 | $f$ | Brennweite | m | |
| 7.21 | $n$ | Brechzahl | 1 | $n = c_0/c$, $c$ nach Nr. 2.24 |
| 7.22 | $D$ | Brechwert von Linsen | $\mathrm{m}^{-1}$ | $D = n/f$ in einem Medium mit der Brechzahl $n$ |
| 7.23 | $\sigma$ | Stefan-Boltzmann-Konstante | $\mathrm{W/(m^2 \cdot K)}$ | $\sigma = M_e/T^4$ $= 5{,}67051 \cdot 10^{-8}$ W/ 19 $\quad (\mathrm{m}^2 \cdot \mathrm{K})$ $M_e$ nach Nr. 7.7, $T$ nach Nr. 5.1 siehe DIN 5031 Teil 8 |
| 7.24 | $c_1$ | erste Plancksche Strahlungskonstante | $\mathrm{W \cdot m^2}$ | $c_1 = 2\,\pi \cdot h \cdot c_0^2$ $= 3{,}741\,77\,49 \cdot 10^{-16}$ 22 $\quad \mathrm{W \cdot m^2}$ $h$ nach Nr. 8.6, $c_0$ nach Nr. 7.19 siehe DIN 5031 Teil 8, DIN 5496 |
| 7.25 | $c_2$ | zweite Plancksche Strahlungskonstante | $\mathrm{K \cdot m}$ | $c_2 = c_0 \cdot h/k$ $= 0{,}014\,387\,69$ m $\cdot$ K 12 $c_0$ nach Nr. 7.19, $h$ nach Nr. 8.6, $k$ nach Nr. 6.15 siehe DIN 5031 Teil 8, DIN 5496 |
| 7.26 | $\varepsilon$ | Emissionsgrad | 1 | $\varepsilon = M_e/M_s$, $M_e$ nach Nr. 7.7 $M_s$ spezifische Ausstrahlung eines schwarzen Strahlers siehe DIN 5031 Teil 8, DIN 5496 |

**Tabelle 1-10.** (Fortsetzung)

| Nr. | Formel-zeichen | Bedeutung | SI-Einheit | Bemerkung |
|---|---|---|---|---|
| 7.27 | $\varrho$ | Reflexionsgrad | 1 | siehe DIN 5496, DIN 5036 Teil 1 |
| 7.28 | $\alpha$ | Absorptionsgrad | 1 | siehe DIN 5496, DIN 5036 Teil 1 |
| 7.29 | $\tau$ | Transmissionsgrad | 1 | siehe DIN 5496, DIN 5036 Teil 1 |

**Tabelle 1-11.** Formelzeichen für Akustik (Auszug aus DIN 1304 Teil 1)

| Nr. | Formel-zeichen | Bedeutung | SI-Einheit | Bemerkung |
|---|---|---|---|---|
| 9.1 | $p$ | Schalldruck | Pa | siehe DIN 1304 Teil 4 (z. Z. Entwurf) |
| 9.2 | $c, c_a$ | Schallgeschwindigkeit | m/s | siehe DIN 1304 Teil 4 (z. Z. Entwurf) |
| 9.3 | $P, P_a$ | Schalleistung | W | siehe DIN 1304 Teil 4 (z. Z. Entwurf) |
| 9.4 | $I, J$ | Schallintensität | W/m$^2$ | siehe DIN 1304 Teil 4 (z. Z. Entwurf) |
| 9.5 | $L_p, L$ | Schalldruckpegel | | wird in dB angegeben siehe DIN 1304 Teil 4 (z. Z. Entwurf) |
| 9.6 | $L_W, L_P$ | Schalleistungspegel | | wird in dB angegeben siehe DIN 1304 Teil 4 (z. Z. Entwurf) |
| 9.7 | $L_N$ | Lautstärkepegel | | wird in phon angegeben siehe DIN 1304 Teil 4 (z. Z. Entwurf) |
| 9.8 | $N$ | Lautheit | | wird in sone angegeben siehe DIN 1304 Teil 4 (z. Z. Entwurf) |

# 8 Verzeichnis der aufgeführten Normen und Literatur

[1] VDE-Vorschriftenwerk, Katalog der Normen;
Berlin & Offenbach: vde-verlag gmbh, Ausgabe je Jahr

[2] DIN-Katalog für technische Regeln, Band 1 bis 3;
Berlin, Köln: Beuth Verlag GmbH, Ausgabe je Jahr

[3] DIN 1301:
Einheiten, Ausg. Dez. 1985

[4] DIN 1304
Formelzeichen, Ausg. März 1989

[5] DIN VDE 100 Teil 300
Errichten von Starkstromanlagen mit Nennspannungen bis 1000 V; Allgemeine Angaben zur Planung elektrischer Anlagen, Ausg. Nov. 1985

[6] DIN VDE 100 Teil 410
Errichten von Starkstromanlagen mit Nennspannungen bis 1000 V; Schutzmaßnahmen; Schutz gegen gefährliche Körperströme, Ausg. 1983 bis 1989

[6a] DIN VDE 0470 Teil 1
Schutzarten durch Gehäuse (IP-Code) Ausg.: Nov. 1992

[7] DIN VDE 0106 Teil 1
Schutz gegen elektrischen Schlag; Klassifizierung von elektrischen und elektronischen Betriebsmitteln, Ausg. Mai 1982

[8] DIN VDE 0100 Teil 430
Errichten von Starkstromanlagen mit Nennspannungen bis 1000 V; Schutz von Leitungen und Kabeln gegen zu hohe Erwärmung, Ausg. Nov. 1991

[9] DIN VDE 0100 Teil 510
Errichten von Starkstromanlagen mit Nennspannungen bis 1000 V; Auswahl und Errichtung elektrischer Betriebsmittel; Allgemeines, Ausg. Juni 1987

[10] DIN VDE 0199
Kennfarben für Leuchtmelder und Drucktaster, Ausg. März 1988

[11] DIN VDE 0293
Aderkennzeichnung von Starkstromkabeln und isolierten Starkstromleitungen mit Nennspannung bis 1000 V, Ausg. Jan. 1990

[12] DIN 40 705
Kennzeichnung isolierter und blanker Leiter durch Farben, Ausg. Feb. 1980

[13] DIN EN 60 445
Kennzeichnung der Anschlüsse elektrischer Betriebsmittel und einiger bestimmter Leiter, Ausg. Sept. 1991

[14] DIN VDE 0211
Bau von Starkstrom-Freileitungen mit Nennspannungen bis 1000 V, Ausg. Dez. 1985

[15] DIN-Taschenbuch 514
Normen über graphische Symbole für die Elektrotechnik
Beuth Verlag GmbH Berlin – Köln, 1. Auflage 1989
[16] DIN-Taschenbuch 512
Schaltungsunterlagen für die Elektrotechnik
Berlin, Köln: Beuth Verlag GmbH, 1. Auflage 1988
[17] DIN VDE 0100 Teil 520
Errichten von Starkstromanlagen mit Nennspannungen bis 1000 V; Auswahl
und Errichtung elektrischer Betriebsmittel; Kabel, Leitungen und Strom-
schienen, Ausg. Nov. 1985
[18] DIN VDE 0100 Teil 537
Errichten von Starkstromanlagen mit Nennspannungen bis 1000 V; Auswahl
und Errichtung elektrischer Betriebsmittel; Geräte zum Trennen und Schalten,
Ausg. Okt. 1988
[19] DIN VDE 0100 Teil 540
Errichten von Starkstromanlagen mit Nennspannungen bis 1000 V; Auswahl
und Errichtung elektrischer Betriebsmittel; Erdung, Schutzleiter, Potentialausgleichsleiter, Ausg. Nov. 1991
[20] DIN VDE 0100 Teil 550
Errichten von Starkstromanlagen mit Nennspannungen bis 1000 V; Auswahl
und Errichtung elektrischer Betriebsmittel; Steckvorrichtungen, Schalter und
Isolationsgeräte, Ausg. April 1988
[21] DIN VDE 0100 Teil 559
Errichten von Starkstromanlagen mit Nennspannungen bis 1000 V; Leuchten
und Beleuchtungsanlagen, Ausg. März 1983
[22] DIN VDE 0100 Teil 560
Errichten von Starkstromanlagen mit Nennspannungen bis 1000 V; Auswahl
und Errichtung elektrischer Betriebsmittel; Elektrische Anlagen für Sicherheitszwecke, Ausg. Nov. 1984
[23] DIN VDE 0100 Teil 600
Errichten von Starkstromanlagen mit Nennspannungen bis 1000 V; Erst-
prüfungen, Ausg. Nov. 1987
[24] DIN 18 015 Teil 1
Elektrische Anlagen in Wohngebäuden; Planungsgrundlagen, Ausg. März 1992
[25] DIN 18 015 Teil 2
Elektrische Anlagen in Wohngebäuden; Art und Umfang der Mindestausstat-
tung, Ausg. Nov. 1984
[26] DIN 18 015 Teil 3
Elektrische Anlagen in Wohngebäuden; Leitungsführung und Anordnung der
Betriebsmittel, Ausg. Juli 1990
[27] DIN 18 022
Küchen, Bäder und WC im Wohnungsbau; Planungsgrundlagen, Ausg. Nov.
1989

[28] DIN 5035 Teil 1
Beleuchtung mit künstlichem Licht; Begriffe und allgemeine Anforderungen, Ausg. Juni 1990
[29] DIN 5035 Teil 2
Beleuchtung mit künstlichem Licht; Richtwerte für Arbeitsstätten in Innenräumen und im Freien, Ausg. Juni 1990
[30] DIN 5035 Teil 5
Beleuchtung mit künstlichem Licht; Notbeleuchtung, Ausg. Dez. 1987
[31] DIN 18 013
Nischen für Zählerplätze (Elektrizitätszähler), Ausg. April 1981
[32] DIN 18 382
VOB Verdingungsordnung für Bauleistungen; Teil C; Allgemeine technische Vertragsbedingungen für Bauleistungen; Elektrische Kabel- und Leitungsanlagen in Gebäuden, Ausg. Sept. 1988
[33] DIN VDE 0100 Teil 523
Errichten von Starkstromanlagen mit Nennspannungen bis 1000 V; Bemessung von Leitungen und Kabeln; Mechanische Festigkeit, Spannungsabfall und Strombelastbarkeit, Ausg. Juni 1981 (zurückgezogen)
[34] DIN VDE 0298 Teil 1
Verwendung von Kabeln und isolierten Leitungen für Starkstromanlagen; Allgemeines für Kabel mit Nennspannungen $U_0/U$ bis 18/30 kV, Ausg. Nov. 1982
[35] VDE-Schriftenreihe 29
Lexikon der Kurzzeichen für Kabel und isolierte Leitungen nach VDE, CENELEC und IEC, Deutsch und Englisch, Retzlaff, Berlin & Offenbach: vde-verlag gmbh, 3. Auflage 1985
[36] DIN VDE 0298 Teil 2
Verwendung von Kabeln und Leitungen in Starkstromanlagen; Empfohlene Werte für die Strombelastbarkeit von Kabeln mit Nennspannungen $U_0/U$ bis 18/30 kV, Ausg. Nov. 1979
[37] DIN VDE 0298 Teil 4
Verwendung von Kabeln und Leitungen in Starkstromanlagen; Empfohlene Werte für die Strombelastbarkeit von Leitungen, Ausg. Feb. 1988
[38] DIN VDE 0103
Bemessung von Starkstromanlagen auf mechanische und thermische Kurzschlußfestigkeit, Ausg. April 1988
[39] DIN VDE 0530
Umlaufende elektrische Maschinen, Ausg. 1979 bis 1991
[40] DIN VDE 0532
Transformatoren und Drosselspulen, Ausg. 1982 bis 1992
[41] DIN VDE 0550
Bestimmungen für Kleintransformatoren, Ausg. 1966 bis 1990
[42] DIN VDE 0551
Bestimmungen für Sicherheitstransformatoren, Ausg. 1972 bis 1989
[43] DIN VDE 0558
Halbleiter – Stromrichter, Ausg. 1977 bis 1988

[44] DIN VDE 0559
Stromrichter auf Bahnfahrzeugen, Ausg. 1987 bis 1988
[45] DIN VDE 0544 Teil 1
Sicherheitsanforderungen für Einrichtungen zum Lichtbogenschweißen; Schweißstromquellen, Ausg. Okt. 1991
[46] DIN VDE 0544 Teil 100
Schweißeinrichtungen und Betriebsmittel für das Lichtbogenschweißen und verwendete Verfahren; Sicherheitstechnische Festlegungen für den Betrieb, Ausg. Juli 1983
[47] DIN VDE 0544 Teil 101
Schweißeinrichtungen und Betriebsmittel für das Lichtbogenschweißen und verwendete Verfahren; Errichtung, Ausg. Juli 1983
[48] DIN VDE 0544 Teil 102
Schweißeinrichtungen und Betriebsmittel für das Lichtbogenschweißen und verwendete Verfahren; Steckverbindungen für Schweißleitungen, Ausg. Okt. 1984
[49] DIN VDE 0545 Teil 1
Sicherheitsanforderungen für den Bau und die Errichtung zum Widerstandsschweißen und für verwandte Verfahren, Ausg. Jan. 1990
[50] DIN VDE 0543
Schweißstromquellen zum Lichtbogenhandschweißen für begrenzten Betrieb, Ausg. Juni 1990
[51] DIN VDE 0510
VDE-Bestimmung für Akkumulatoren und Batterie-Anlagen, Ausg. Jan. 1977
[52] DIN VDE 0510 Teil 2
Akkumulatoren und Batterieanlagen; Ortsfeste Batterieanlagen, Ausg. Juli 1986
[53] DIN VDE 0560
Bestimmungen für Kondensatoren, Ausg. Dez. 1969 bis Dez. 1991
[54] DIN VDE 0141
Erdungen für Starkstromanlagen mit Nennspannungen über 1 kV, Ausgabe Juli 1989

# 9 Stichwortverzeichnis